理科好きの子どもを育てる
小学校理科

アクティブ・ラーニングによる理科の授業づくり

第１章
授業を変えるアクティブ・ラーニング

第２章
理科授業におけるアクティブ・ラーニング

第３章
アクティブ・ラーニングによる理科授業例

日置 光久・星野 昌治・船尾　聖　編著

大日本図書

はじめに

中央教育審議会における次期学習指導要領改訂の審議の中で、アクティブ・ラーニングの必要性が取り上げられています。そのことから、学校現場においても、強い関心が寄せられています。そうした中で、「アクティブ・ラーニング」という言葉だけが先行して広まり、具体的にどのように授業で実践していけばよいのか不安を感じている先生も少なくないようです。

アクティブ・ラーニングとは、学習者の能動的な学習への参加を取り入れた教授・学習法の総称といわれています。学習者が授業に自ら主体的・協働的に参加することを目指しますが、それを可能にするすべての教授・学習法がアクティブ・ラーニングといえます。その意味するところは、広くて豊かです。

子ども一人ひとりが自ら予想や仮説を立て、仲間と協力して、観察や実験を進める理科の学習は、本来アクティブ・ラーニングに親和性が高いものと思われます。そのため「今までもやっていた」という一言で、気になりつつも素通りしていたところがあるのではないでしょうか。

今後、ますます進展していく情報化社会、グローバル社会を生き抜いていくためには、思考力や判断力、表現力、そして主体性や協働性などが一層重要になります。それらの力を育む活動として、子どもが自ら考え、ともに話し合い、学びを深めていく主体的・協働的な授業を行い、資質・能力の育成を図っていくことが大切です。

本書は、今回の教育課程の改善において、最大のキーワードであるアクティブ・ラーニングを切り口として、小学校理科の授業づくりの改善についての理論と実践の両面から「アクティブ」に解き明かしたものです。そのもっている広くて豊かな意味は、理科授業の質を高め、子どもたちに科学的な見方や考え方をより確かに養ってくれるものと信じています。

本書が、アクティブ・ラーニングによる理科の授業づくりのために多くの先生の参考になり、理科の授業の改善が行われ、理科好きの子どもがたくさん育つことを大いに期待しています。

末尾になりましたが、本書を成すに当たり、大変ご多忙の中を執筆いただきました多くの先生に厚く御礼申し上げます。また、本書の刊行に当たり、日頃より多大なご支援をいただいております大日本図書の波田野健社長を始め、営業局、編集局の皆様に感謝申し上げます。とくに本書の直接、企画・編集に当たられました犬飼政利総合企画本部次長に心から御礼申し上げます。

平成 28 年 5 月　　編著者

授業を変える アクティブ・ラーニング

第1章

1
21 世紀の社会が求める教育とは

1-1　「生きる力」から「社会を生き抜く力」へ

学習指導要領は、時代の変化や社会の要請、また子どもたちの実態等を踏まえ、過去数次にわたり改訂されてきた。平成 20 年の改訂では、このような変化や要請、実態等に対応し、「生きる力」を育むことが重要であるというメッセージを、さらに強調している。周知のように「生きる力」という理念は、基礎・基本を確実に身につけ、自ら課題を見つけ、自ら学び、自ら考え、主体的に判断し、行動し、よりよく問題を解決する資質や能力である「確かな学力」、自らを律しつつ、他人と共に協調し、他人を思いやる心や感動する心を含む「豊かな人間性」、たくましく生きるための「健康・体力」の三つの要素から構成されるが、その根底には変化の激しいこれからの社会を生きる子どもに身につけさせたい力としての強い思いが込められている。変化の激しいこれからの時代、いかに社会が変化しようとも子どもに必要となる不易の「力」の育成が求められたのである。第 2 期教育振興基本計画では、多様で変化の激しい社会の中で個人の自立と協働を図るための主体的・能動的な力として「社会を生き抜く力」の養成が示されている。

1-2　グローバル化の進展

21 世紀は、これまでとは質的にも量的に異なった新しい知識や情報、あるいは技術といったものが、政治、経済、文化をはじめ、社会のあらゆる領域・分野での活動の基盤として飛躍的に重要性を増すようになってきている。様々な商品や製品などのような実体を伴ったものだけではなく、アイデアや知識、情報などのような実体を伴わないものまで含めて、流通、活動の壁が取り払われ、グローバル化の進展が促進されるようになってきている。異なる文化や文明と共存を図り、国際的な協力の必要性も増大している。

1-3　新しい時代にふさわしい教育の在り方

平成 26 年 11 月に、「初等中等教育における教育課程の基準等の在り方について」の諮問が出された。そこでは、新しい時代にふさわしい学習指導要領等の基本的な考え方について、教育内容を系統的に示すのみならず、育成すべき資質・能力を子どもたちに確実に育む観点から、そのために必要な学習・指導方法や、学習の成果を検証し指導改善を図るための学習評価を充実させていく観点が必要であるとして、「アクティブ・ラーニング」の具体的な在り方に関して検討することが示されている。これは、これまで行われてきた言語活動や探究的な学習活動、社会とのつながりを意識した体験的な活動等の成果の延長線上に位置づけられており、そういう意味でこれからの教育を考えていく際のキーワードといえる。

2 アクティブ・ラーニングとは何か

2-1　アクティブ・ラーニングの登場

「アクティブ・ラーニング」は学校教育の中で初出の概念である。新時代の教育課程を考えていこうというときに、聞いたこともないカタカナ書きの言葉が登場したのである。この「新語」は、現場で日々授業を実践している多くの教員に驚きをもって受けとめられた。学校教育の中では、その意味していることの理解について、多少の混乱や誤解が見られるようである。しかし、実はこの言葉は2年ほど前に、中央教育審議会の答申に登場している。ここでは、この答申に示されている下記の説明をもとに、アクティブ・ラーニングについての理解を深めてみよう。

> 教員による一方向的な講義形式の教育とは異なり、学修者の能動的な学修への参加を取り入れた教授・学習法の総称。学修者が能動的に学修することによって、認知的、倫理的、社会的能力、教養、知識、経験を含めた汎用的能力の育成を図る。発見学習、問題解決学習、体験学習、調査学習等が含まれるが、教室内でのグループディスカッション、ディベート、グループ・ワーク等も有効なアクティブ・ラーニングの方法である。
>
> 「新たな未来を築くための大学教育の質的転換に向けて～生涯学び続け、主体的に考える力を育成する大学へ～(答申)　平成24年8月28日　中央教育審議会」

2-2　教育の質的転換を図るアクティブ・ラーニング

中央教育審議会答申は、大学教育の抜本的な質的転換を促すために出されたものであり、一般に「質的転換答申」といわれている。すなわち、本来大学教育の質的転換を促すために導入された装置がアクティブ・ラーニングなのである。この「質的転換答申」に沿って、アクティブ・ラーニングの意味を考えてみよう。なお、文中で使われている「学修」という文言は、学問を学び、修める（身につける）ことという意味で、大学教育をアクティブ・ラーニングで質的転換を図っていくために使っているものである。

まず、最初に大切なことは、学習者の能動的な参加による教授・学習法の総称であるということである。学習者が授業に自ら主体的、積極的に参加することを目指すが、それを可能とする全ての教授・学習法がアクティブ・ラーニングなのである。そもそも「学習」とは何かについて考えてみよう。「学習」は、その字の示すとおり「学び」「習う」ことといえる。「学ぶ」は「真似ぶ」が語源であり、対象となる相手の身体活動や所作、考え方まで含めてまね（コピー）をするということである。相手となる対象が自然である場合、観察や実験を通してデータをとることといえる。相手となる対象が文化である場合、そこに埋め込まれている情報を調べ、そこから知識や技能を読み取ることといえる。また、「習う」は「慣らう」が語源であり、繰り返し反復しそのルールや文化の型を自らの中に習慣化するということである。したがって「学習」は本来受動性の意を包含しており、文化の伝達、伝承という教育が伝統的にもっている本来的機能に合致してきた。しかしながら今回、アクティブ・ラーニングによって、「能動」や「参加」をキーワードに従来の受動的「学習」観を転換しようというのである。そういう意味で、授業形態としても一方的な講義形式とは明確に異なることになる。

2-3　アクティブ・ラーニングで培う汎用的な能力

次に、そのような授業を通して汎用的な能力の育成を図ることが述べられている。その能力には、認知的、倫理的、社会的能力、教養、知識、経験が含まれる。認知的、倫理的、社会的能力のように一般的に能力として認知されているものに加え、さらに教養や知識、経験まで幅広く言及されていることに注意する必要がある。これらの能力等は、全て能動的な「学習」によってよりいっそう実現が可能になるものである。能動的な「学習」は、例示されているような能力等を育成するための手立てということができる。さらに、発見学習、問題解決学習、体験学習、調査学習等と並んで、より具体的なグループディスカッション、ディベート、グループ・ワーク等の方法が有効なアクティブ・ラーニングの方法として示されている。

大切なことは、能動的な学習への参加、汎用的能力の育成、そして具体的な方法、これらが一体化され、階層化・構造化されたものがアクティブ・ラーニングだということである。能動的な学習、能力の育成、またグループ・ディスカッションのような方法自体は、これまでも言葉としてはいわれてきたし、部分的には実践されており、取り立てて目新しいものではない。しかしながら、教育目標が単なるお題目になっていなかったか、授業が内容や知識の教授・伝達で終わっていなかったか、そして方法が理念や目的から離れ「型」化していなかったか、授業という複雑な教授・学習活動について、目的・目標、内容、方法等を総合的にもう一度見直し、考え直すことが求められている。

2-4　全ての学校段階で行われるアクティブ・ラーニング

「質的転換答申」は大学教育の質的転換のために出されたものであるが、実はそこが重要なポイントである。つまり、今回の我が国の教育改革は、まず大学教育改革から始まったのである。これには、大学入学者選抜、いわゆる大学入試の改革も含まれている。またこのような動きと連動して、平成26年からスーパーグローバル大学創成支援事業が始まり、トップ型とグローバル牽引型の大学が選定されている。トップ型の大学は世界の中でトップクラスの実績をあげ、世界の学術に貢献していくことを期待されており、またグローバル牽引型の大学は国内の大学のグローバル化を積極的に牽引していくことが期待されている。そして、これらの大学では講義や評価の中にアクティブ・ラーニングを取り入れることが必須の要件として求められている。また、同時期にスタートしたスーパーグローバルハイスクール（SGH）制度も、このような大きな流れの中に存在する。スーパーグローバルハイスクールはグローバルリーダーの育成を目指しているが、そこでの目的は単に英語を学ぶことではない。子どもが主体的に社会とつながり、様々な課題について横断的・総合的な学習や探究的な学習を行い、深い教養、コミュニケーション能力、問題解決力等の能力を身につけることを目的としている。

このような流れの中で、今回義務教育の中にアクティブ・ラーニングが示されたのである。アクティブ・ラーニングは、大学、高等学校から、小・中学校まですべての学校段階で授業改善の方向性を示すシンボルとなっている。アクティブ・ラーニングという学校段階を縦に貫く骨太の理念と方法の意味するところをしっかりと理解し、授業改善を行っていくことが必要である。

3 アクティブ・ラーニングと授業改善

3-1　学びの質や深まりを考えるアクティブ・ラーニング

子どもに育成すべき資質・能力を考えると、学びの量とともに、学びの質や深まりを考えることが重要になってくる。これは、子どもの側から見ると「何を学ぶか」（what の視点）と「どのように学ぶか」(how の視点)という２つの視点から捉えることができる。「何を学ぶか」（what の視点）は、これまで教育課程の改訂のたびに常に考えられてきたことである。これは、学習内容として「何を教えるか」、あるいは「何を教えないか」ということが対応する。学習内容の精選の時代、長い間「何を教えなくするか（削除するか）」が議論の中心であった。平成 20 年の改訂になって、理数教育の充実という大方針の下、理科や算数・数学を中心に新内容が加えられ、授業時数も増加したのは記憶に新しい。これからは、グローバル社会で不可欠な英語の能力の強化（小学校高学年での英語の教科化）や我が国の伝統的な文化に関する教育の充実などが考えられている。

「どのように学ぶか」（how の視点）は、教育課程の改訂においてこれまであまり考えられてこなかった。これは、教師側から見ると「どのように教えるか」ということになるが、「教え方」については教師一人ひとりの経験やキャリアに委ねられていたのがこれまでの現状であった。しかしながら、今回アクティブ・ラーニングというキーワードの下に、教師には、子どもが「どのように学ぶか」をしっかりと考えて指導することが求められるようになったのである。

3-2　アクティブ・ラーニングの視点から行う授業改善の３項目

平成 27 年８月に出された「教育課程企画特別部会　論点整理」では、アクティブ・ラーニングの視点からの不断の授業改善について、次の３つの項目が提示されている。

①習得・活用・探究という学習プロセスの中で、問題発見・解決を念頭に置いた深い学びの過程が実現できているかどうか

②他者との協働や外界との相互作用を通じて、自らの考えを広げ深める、対話的な学びの過程が実現できているかどうか

③子どもたちが見通しをもって粘り強く取り組み、自らの学習活動を振り返って次につなげる、主体的な学びの過程が実現できているかどうか

①は「習得･活用･探究と深い学びの過程」の視点である。「習得・活用・探究」は平成 20 年の改訂の際に提案された新しい学習プロ

セスの考え方である。この考え方は、当然これからも十分意識していかなければならないものであるが、今回ここに「深い学び」という要件を入れて考えようというのである。「学び」には深さがある。対象の存在や名前がわかったというような浅い学びから、異なった対象間に関係性を発見し因果関係や判断と根拠の関係で見直したりするようなより深い学びが存在する。学びの深さはシームレスに連続しており、浅い学びを手がかりにより深いものへ学びを深化させていくことが重要である。これは、授業の中で問題解決を深化させていくことで実現される。

②は「他者との協働と対話的な学びの過程」の視点である。グローバル社会は、異なる他者と関わる社会である。他者との協働の中で教え合い、学び合うことによって子どもたち一人ひとりが自らの能力や特性に応じた学びを構築していく。また、対話を通して他者理解、そして自己理解を図り、学びを推進していくことができる。

③は「見通しと振り返りの学びの過程」の視点である。「見通し」は現在から未来を推測することである。現在自らがもっている知識や経験を確認し、それをもとにして思考することによって予測不能な変数を減らし、一定の幅をもって未来へのイメージをもつことができる。さらに、見通しに沿って粘り強く取り組むとともに、取り組んだ結果をもとにして振り返ることが重要である。そして、当初の見通しについて検討し、その妥当性について考察を行い、主体的な学びを深めていくのである。このような一連のプロセスは、学びの過程を有機的で価値あるものとしてとらえることを助けてくれる。

3-3　言語活動とアクティブ・ラーニング

思考の基盤となり、コミュニケーション能力の育成につながる言語活動は、授業改善の中でとりわけ重要なものである。言語活動の充実に関わる活動には、例えば、記録、要約、説明、論述といった学習活動があり、それらが小学校から中学校、高等学校へと発達の段階が上がるにつれて、具体から抽象へ、また感覚的なものから論理的なものへと、認識や実践の深さや広さが変化していく。このような言語活動について、筆者は次ページのような「言語と読解プロセス」のモデルを提案している。

言語と読解プロセス

		読解プロセス	
		入　力／input	出　力／output
言語	音　声	**聞　く** (hear／listen)	**話　す** (speak／tell)
	文　字	**読　む** (read／comprehend)	**書　く** (write／describe)

アクティブ・ラーニングという視点からこの図を解釈すると、まず output の段階の「話す」、「書く」といった活動を能動的な学習として位置づけることが考えられる。しかし、そのためには input の段階である「聞く」や「読む」が能動的になっていなければならない。active listening　active reading である。それは、子どもの問題意識が明確で、読んだり聞いたりする活動が目的的な一連の流れの中に位置づいていなければならないことを意味する。また、音声を「聞く」活動と文字を「読む」活動とは、そもそも特性が異なる。音声言語は生起した瞬間から消えていくものであり実時間、実空間という決定的な拘束条件があるが、相手の様子や状況を見ながらそれにシンクロした形で、リアルタイムで考えることを可能にしてくれる。一方、文字言語は何度でも読み直すことができ、時間をかけて考えを深めたり、広げたりすることを可能にしてくれる。このように、言語のもつメディア特性をしっかりと意識しつつ、言語活動を input から output への問題解決の過程として考えることが、深い学びへの重要な契機となる。

4 これからの学習評価のあり方

4-1　新しい観点別評価の考え方：4観点から3観点へ

学習評価には、子どもの学習状況を検証し、結果の面から教育水準の維持向上を保証する機能がある。各教科においては、学習指導要領等の目標に照らして設定した観点ごとに学習状況の評価と評定を行う「目標に準拠した評価」として実施する。その結果、きめの細かい学習指導の充実と子ども一人ひとりの学習内容の確実な定着を目指すものである。その際、目標に準拠した評価の客観性・信頼性を高めるために国立教育政策研究所作成の参考資料等を参考にすることも重要である。現行学習指導要領の学習評価は、「関心・意欲・態度」、「思考・判断・表現」、「技能」、「知識・理解」の4つの観点で構成されている。各観点は、それぞれの観点の趣旨をもとにして子どもたちの目標の実現状況の分析を行う。目標をおおむね満足していると判断できる状況を基準として、努力を要すると判断される状況、十分満足できると判断される状況を絶対評価で判断する。

これからの学習評価については、平成18年の教育基本法の改正に伴って一部改正が行われた学校教育法に新設された第30条第2項の条文が方向性を示している。

> 生涯にわたり学習する基盤が培われるよう、基礎的な知識及び技能を習得させると共に、これらを活用して課題を解決するために必要な思考力、判断力、表現力その他の能力をはぐくみ、主体的に学習に取り組む態度を養うことに、特に意を用いなければならない。
> (学校教育法第30条第2項)

ここで示されている「**知識・技能**」、「**能力**」、「**態度**」は、一般に学力の三要素といわれている。目標に準拠した評価では、このような学力が確かについたかどうかを分析的に判断することが要請される。そういう意味で、評価の観点は、この3つの学力の要素に対応することが望ましい。評価の観点を3つに整理することにより、教科の目標と評価の観点が対応し、指導と評価の一体化がより円滑になるとともに、評価における学力の三要素のバランスもよくなることが考えられる。したがって、これからの学習評価としては、次のような3つの要素で考えることが妥当であろう。

○知識及び技能
○思考力・判断力・表現力等
○主体的に学習に取り組む態度

4-2　新しい評価の３観点の意味

ここで、「**知識及び技能**」は、基礎的なものに限定して確かな習得が目指されるものである。知識にしても技能にしても、外部から観察される状況はやや異なるが、ともにペーパーやパフォーマンスで比較的容易に評価することができる。体験や意味に根ざした長期記憶としての習得の学力として評価の工夫をすることが求められる。「**思考力・判断力・表現力等**」は、習得した基礎的な知識及び技能を活用して課題を解決するために必要となるものである。評価の対象を広く思考力一般ととらえるよりも、習得した知識や技能を活用するという文脈の中で、問題解決の過程の中に明確に位置づけた思考力･判断力、表現力等として評価することが求められる。「**主体的に学習に取り組む態度**」は、とりわけアクティブ・ラーニングの観点から学習・指導方法の改善に欠かせない観点である。従前の「関心・意欲・態度」といった守備範囲の広いものから、子どもの主体性といった点に絞って適切に評価し、子ども一人ひとりが主体的に学習に取り組む態度の伸張を図っていくことが望まれる。

4-3　評価の方法とPDCAサイクル

三要素のバランスのとれた学習評価を行っていくためには、指導と評価の一体化をよく考え、多様な評価を行っていくことが必要である。また、総括的な評価のみならず、一人ひとりの学びの多様性に鑑み、形成的な評価の充実を図ることも重要である。多様な評価方法としては、次のようなものが考えられる。

○パフォーマンス評価：基礎的な知識・技能を活用・応用することを求める評価方法。論説文やレポート、展示物といった作品（プロダクト）や、スピーチやプレゼンテーション、実験などの過程を評価する。
○ルーブリック評価：パフォーマンスの実現状況をいくつかのレベルに分類し、例示的な記述語で定義する評価。
○ポートフォリオ評価：子どもの学習の過程や成果などの記録や作品を組織的にファイル等に集積を行い、学習状況の把握を行う評価。子ども自身や保護者等に対し、子どもの成長や現在の到達点などの説明を行いやすい。

また、学習評価を通じて学習指導の在り方を見直したり、個に応じた指導の充実を図ったりして指導と評価の一体化を促進していくことが重要である。さらに、子どもの学びの評価にとどまらず、「カリキュラム・マネジメント」の中で、学校における教育活動を組織として改善することが望まれる。これは、教育課程を編成し、実施し、評価して改善を図る一連のPDCAサイクルを確立することでもある。

理科授業における
アクティブ・ラーニング

第2章

1 理科における アクティブ・ラーニング

1-1　理科でのアクティブ・ラーニングとは

理科におけるアクティブ・ラーニングとは、学習者である子どもが、自然事象を学習の対象に、能動的に問題の発見と問題の解決に向けて、主体的に考え、他者と協働しながら探究的に学ぶことである。

また、自然事象のきまりを見いだすために、観察や実験などの体験活動や予想・考察などの言語活動を行い、友達と関わりながら、自らの問題の解決に向けて、主体的・協働的に学ぶ学習である。

1-2　アクティブ・ラーニングで育てたい理科の力

アクティブ・ラーニングを通して育てたい理科の資質・能力は、①実社会で活用できる汎用性の高い科学的な思考力、判断力、表現力、②活用可能な構造化された自然事象についての知識・技能、③自然事象に関する恒常的、持続的な学びに向かう力などである。

理科のアクティブ・ラーニングにより、①他者と協働しながら、問題を見いだし、②予想や仮説の根拠や理由を明らかにして、③結果を見通し計画を立てる。④自分の考えを述べたり観察・実験したり、⑤結果を分析、考察して説明したりするなどの学習活動を進めるようにしたい。

1-3　アクティブ・ラーニングで理科の授業スタイルを変える

学習の目標に向かって、教材を通して、子どもに教え込む指導や子どもを受け身にさせる教師の一方的な説明、一斉・画一的な**教師中心の授業**（Top Down）から、アクティブ・ラーニングによって、子どもが友達と一緒に学習材を通して、学び取ったり学び合ったりする、子どもの個性や能力が発揮できる、**子ども主体の授業**（Bottom Up）へ、授業スタイルを転換していくようにしたい。

教師中心の授業から子ども主体の授業へ

2
理科における主体的な問題解決の学習

2-1　これからの教育と理科の学習

これからは知識の伝達だけに偏らず、学ぶことと社会とのつながりを意識した教育を行い、その過程を通して、基礎的な知識・技能を習得できるようにすることが大切である。

また、実社会や実生活の中で、それらを活用しながら自ら課題を発見し、その解決に向けて主体的・協働的に探究し、学びの成果などを表現し、実践に生かしていけるようにすることが必要である。

2-2　理科の目標と問題解決の学習

理科の教科目標は、次のように構造化され、それは育てたい理科の能力と問題解決の学びのプロセスを表していることがわかる。

＜自然の事物・現象＞
⑴自然に親しむ⇒⑵見通す⇒⑶観察・実験⇒⑷実感を伴った理解
＜問題解決の能力・自然を愛する心情＞
＜科学的な見方や考え方＞

問題解決の学習のプロセスの中で、アクティブ・ラーニングを取り入れる。①自然に親しむ場面では、友達と関わり合いながら、自然を対象に関心や意欲をもって取り組むことにより、自ら問題を見いだすことができるようにし、問題意識を醸成できるような事象提示の工夫をする。②見通す場面では、友達と協力しながら実験の結果を予想し、実験を計画する。③実感を伴った理解では、友達と学び合いながら、探究、習得、活用の授業を行うようにする。

2-3　主体的な問題解決の学習のプロセス

理科の学習では、自ら問題を発見し、その解決に向けて主体的・協働的に探究していくことが重視される。その基盤となるものは、主体的な問題解決の学習のプロセスである。

文部科学省が示す問題解決のステップは、①自然事象への働きかけ（出会い、疑問、気づき）⇒②問題の把握・設定⇒③予想・仮説の設定⇒④検証計画の立案（方法）⇒⑤観察・実験⇒⑥結果の整理（分析）⇒⑦考察⇒⑧結論の導出（科学の基本的な見方や概念）である。これらを整理してみると、次のようになる。

⑴インプット（受信）	問題
⑵アクティブ（探究活動）	予想・仮説⇒観察・実験⇒結果
⑶アウトプット（発信）	考察⇒結論

3
理科における主体的・協働的な学び

3-1　理科における主体的・協働的な学びの意義

子ども一人ひとりが自分の考えをもち、自分のよさや可能性を十分に発揮しながら、子どもどうしが相互に支え合い、学び合って、豊かな自己実現を目指し、科学的な見方や考え方を養うようにする。

理科の主体的・協働的な学びでは、自分の考えについて、友達の考えを聞いて確認をしたり、自分の考えにつけ加えたり、自分の考えを修正したりして、自分の考えを深め、広げるようにしたい。

3-2　理科における主体的・協働的な学びの例

子どもの個性やよさ、可能性は、子どもの内面に隠されており、潜在化されていることが多い。それは子どもどうしの学び合いや高め合いなどの他者との協働的な学びの中で触発され、顕在化される。他者との協働的な学びの例として、次のようなものがある。

①グループで観察･実験、意見交換する。②ホワイトボードなどを使って話し合う。③ KJ 法、付箋などを使って話し合う。④子どもが説明する。⑤立場を決めて議論する。⑥ポスターなどを作成して発表する。⑦タブレット PC、電子黒板を使って学び合う。⑧予想や考察を出し合い、深め合う。

3-3　理科の主体的・協働的な学びでの話し合いの例

⑴自分の考えや意見を述べるとき

C1：私は、A は□□だと思います。理由は、△△だからです。

C2：私は、B の実験のときに□□だったので、A は△△だと思います。

C3：結果から考えて、A は□□だということがわかりました。

C4：予想と比べて□□ということだと思います。

⑵賛成の意見を述べるとき

C1：私は、○○さんの意見に賛成です。理由は△△△だからです。

C2：○○さんの考えは、□□の点でよいと思います。

⑶他の考え、意見を述べるとき

C1：他にもあります。○○さんと（少し）違って、△△△です。

C2：別の意見です。私は、B の実験のときに□□だったので、A は△△だと思います。

C3：結果から、A は□□だと考えます。理由は△△だからです。

C4：○○さんの考えをもとにすると、□□という考えもいいのではないかと思います。

4
思考ツールを活用したアクティブ・ラーニング

4-1　思考ツールを使った理科でのアクティブ・ラーニング

思考ツールを使ったアクティブ・ラーニングで、互いに他者の考え方と比較し、磨き合い、励まし合いながら、自分の考えをより確かなものに鍛え上げていくようにする。

> 思考ツールとは、拡散的に考えたり論理的に考えたりしたことを図形的に可視化する道具、子どもの考えを可視化する道具である。

問題解決のプロセスの中で、思考ツールを活用して、自分の考えと友達の考えを比較するなどして、自分の考えをより深く、確かなものにしていけるようにする。

4-2　思考ツールの活用

思考ツールを使ったアクティブ・ラーニングでは、①比較する②分類する③多面的に見る④関係づける⑤構造化する⑥評価し合うなどの学習活動が考えられる。

思考ツールには、類的な見方をする「ベン図」、因果的な見方をする「クラゲチャート」、時系列の見方をする「関係図」、関係づける見方をする「ウェビングマップ」、微視的な見方をする「イメージ図」がある。そのほかに、多面的に見る「二次元表」、複眼的に見る「座標軸」、統合的に見る「ピラミッドチャート」、一元化する「ボックスチャート」、序列化する「ダイヤモンドランキング」などがある。

4-3　いろいろな思考ツール

①ベン図

比較
分類
整理・分析
共通点・相違点

②クラゲチャート

原因・結果
予想（自分の考え）
根拠・理由
（友達の考え）

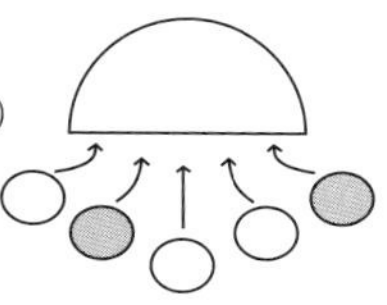

③ウェビングマップ

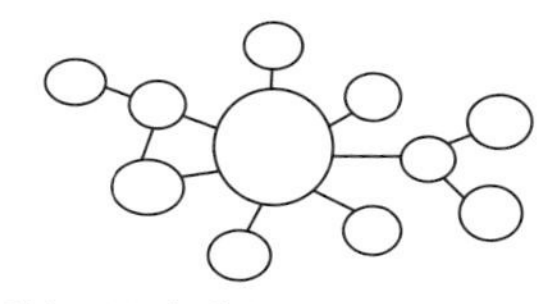

関係性・関連づけ

④ピラミッドチャート

まとめ
統合・意見
基盤となる考え

5
問題発見・問題設定の場における アクティブ・ラーニング

5-1　アクティブ・ラーニングで問題を見いだす

自然の事象に直接触れ、問題を見いだすことは容易なことではない。いつも教師から与えられた問題では、子どもはいつも受け身になり、自ら見通しをもち、進んで問題に取り組むようにはならない。

子どもが自ら問題をもつようになるのは、既に学習したことや経験した事実と新しい事象との間に矛盾やズレが生じる事象提示や体験である。その中で、「どうしてかな」「おや、変だな」「調べてみたいな」など、驚きや疑問が生まれ、自ら問題をもつようになる。

5-2　アクティブ・ラーニングによる問題の設定

新しい事象との出会いの場面での他者と関わり合うアクティブ・ラーニングの中で、子どもどうしが過去の経験や知識を出し合い、互いに別の視点から考え、刺激し合うことによって、知的好奇心が高められ、自分の問題としてとらえることができるようになる。

アクティブ・ラーニングを通して、疑問や問題をまとめたり、順序をつけたりして、共通の問題を設定するようにしたい。

5-3　アクティブ・ラーニングによる問題発見・設定の実際例

自然に親しむ場面や事象提示の場面などの導入時においては、友達と交流する活動を行って不思議さや気づきを見つけ、その体験が、今後の問題発見や予想の根拠につながるようにする。

友達との意見交流は、ペアやグループ、学級全体で行い、付箋やホワイトボードなどを使って学習を進めるようにしたい。

ホワイトボードを
使って話し合う

付箋を使って話し合う

6
予想や仮説を設定する場、計画を立案する場におけるアクティブ・ラーニング

6-1　アクティブ・ラーニングを通して予想や仮説を共有化する

自然事象のきまりについて自分がもった予想や仮説を、クラゲチャートなど思考ツールを活用して、友達のものと比較したり、類としてまとめたりして予想や仮説を共有化したい。

また、自分が考えた予想の理由や仮説の根拠に、友達の考えたものをつけ加えたり、グループや学級全体で練り上げたりして、予想や仮説を明確にしたい。

6-2　計画を立案する場でのアクティブ・ラーニング

共有化された予想や仮説をもとに、結果を見通し、アクティブ・ラーニングを通して、それらを検証するための観察や実験の計画を立てるようにする。観察・実験は他者と協働で行うようにする。

観察・実験の計画を立てるに当たって、友達の意見をよく聞き、自分の考えた計画と同じであれば、確信がもて観察・実験を確かなものにすることができる。一方､友達が考えた計画と違っていたら、どこがどう違うのか、どう改善、修正すればよいかがわかり、結果を見通すことができ、主体的な観察・実験を行うことができる。

6-3　予想や仮説設定、計画立案の場でのポイント

アクティブ・ラーニングによる問題解決のプロセスにおいて、自然事象との出会いでは、①子どもに関連のある生活経験や既習事項を想起する。②考えるヒントとなる事象や素材を提示する。③共通体験の場を設定する、などがポイントとなる。

また、見通しや計画を立案する場面では、①何を調べるのかを意識する。②どのような方法で調べるか考える。③ワークシートや発表用紙を活用して、お互いの気づきや考えを交流する、などがポイントとなる。さらに、自分の考えを自分の言葉や絵、図などで表現したり､グループでの話し合いの後､クラス全体での話し合いを行ったりして、考えを深めるようにする。

6-4　予想や仮説の記述例

◆私は、□□□だと思います（考えます）。
　なぜなら（理由は）△△△だからです。
◆もし、□□□なら、私は、△△△になると考えます。
　理由は、○○○だからです。

7 実験の場における アクティブ・ ラーニング

7-1　アクティブ・ラーニングによる実験の意義

どの子どもも直接体験ができる理科の実験は大好きである。理科の学習では、疑問から問題を見いだし、問題を解決するための方法として実験を行う。そのなかで、友達と協力したり、グループや学級全体で話し合ったりして、事象と事象を比較したり、共通点や差異点を見つけたりして、物のきまりや規則性を見いだすようにする。

実験は、自然事象に直接働きかけ、状況をつくる学びである。主としてＡ区分「物質・エネルギー」を学習対象とし、おもに理科室で授業を行うようにする。さらに、実験は、人為的に整えられた条件の下で、装置を用いるなどしながら、自然の存在や変化をとらえるようにする。

また、実験では、自然からいくつかの変数を抽出し、それらを組み合わせ、意図的な操作を加えるなかで、結果を得るようにする。

7-2　アクティブ・ラーニングによる実験の目的

実験の目的は、自然事象のきまりについて、つくりや働き、性質、関係性、規則性、変化をとらえ、自分の考えをもつことにある。

一人ひとりの子どもが自分の考えた方法で実験できるように、実験器具などを準備したり、実験時間を確保したりして、具体的に操作できるようにする。また、他者と協働する実験の中で、実験の仕方や器具の扱い方、記録の方法、グラフや表にまとめる方法など、自然を調べる基本を身につけることができる指導の工夫をする。

7-3　アクティブ・ラーニングによる実験の実際例

ペアやグループでの学び、学級全体の学びを１時間の授業の中に組み込み、他者との関わりがもてるようにする。

子どもの実験の役割には、操作をする、測定する、記録するなどがあるが固定化しないようにし、一人一実験を基本としたい。

8 観察の場における アクティブ・ラーニング

8-1　アクティブ・ラーニングでの観察の意義

観察は、自然に親しみ、状況に入る学びである。主としてＢ区分「生命・地球」を学習の対象にし、子どもが自ら目的や問題意識をもって意図的に自然の事象に働きかけ、状況に入りながら活動する。

また、実際の時間、空間の中で、具体的な自然の存在や変化をとらえるようにする。特に、観察では、視点を明確にもち、周辺の状況に意識を払いつつ、その様相を自らの諸感覚を通してとらえるようにすることが大切である。

8-2　アクティブ・ラーニングでの観察記録の取り方

子どもは、はじめから長期の見通しをもって観察したり、記録を残したりすることには慣れていない。あらかじめ、教師が意図的・計画的に観察学習ができるよう、それぞれの場面で観察や記録が残せるように、個に応じたきめ細かな指導を行うようにする。

また、観察や記録の観点を、できるだけ子ども自身に考えさせるようにするが、長期の変化を想定し、いつどこで何を観察し、記録しておけばよいか、観察内容を十分検討し、指導計画を作成する。

さらに、子どもが観察した内容は様々で、観察した要点もまちまちなことが多いので、整理して記録したものを提示したり、発表会を計画したりして、子どもどうしが情報交換できるようにする。

友達や他者と関わるアクティブ・ラーニングのなかで、観点を広げたり深めたり、要約してまとめたりできるようにする。

8-3　アクティブ・ラーニングでの観察のポイントと実際例

アクティブ・ラーニングでの観察のポイントは、①一人ひとりが観察の目的や視点をもつ。②諸感覚を活用する。③対象の変化を見取る。④関係づけたり意味づけしたりする、などがあげられる。

9
結果を共有する場におけるアクティブ・ラーニング

9-1　アクティブ・ラーニングによる結果の共有化

結果を共有する場では、まず、観察・実験の結果を出し合う。自分の結果は、①予想した結果になった。②何回やっても同じ結果になった。③やっぱり予想通りだ。④自分の結果から、～ということ（きまりや性質）がいえそうだ。⑤予想と結果が違う。もう一度、方法を確かめ、振り返り、違う方法でやってみよう、などの考えをもてるようにする。

観察・実験から得られたデータを表にまとめ、整理し、グラフなどに表す。そして、二次元表など思考ツールを使って得られたデータを共有化する。このことで考察が深まり、自分自身の結論を得ることができる。

9-2　思考ツールを活用した結果の共有化

結果を共有する際、結果を整理・分析する思考ツールとして、類的な見方をする「ベン図」や因果的､時系列の見方をする「関係図」、「ウェビングマップ」、微視的な見方をする「イメージ図」などが有効である。思考ツールをもとに、結果の整理・分析したものを共有化し、自分の考えにつけ加えたり、修正したりするようにする。

9-3　結果を共有化する実際例

◆□□□（操作）をしたら、△△△（結果）になりました。

⑴結果を比較・分類して共有する例

T：「みんなの結果と比べて、同じところ、違うところはどこですか」
T：「みんなの結果から、どんな結果だといえますか」
C：「私の結果は、～になりました。」
C：「みんなもそうだった。」
C：「みんなの結果から、～（結果）といえそうだ」。

⑵結果を因果関係や関係づけて共有する例

T：「みんなの結果から、どんなことがいえますか」。
T：「なぜ、～なことが起こるのでしょうか」
T：「～と～は、どのような関係があるのでしょうか。」
C：「私は、～のきまり、性質があると考えました。」
C：「みんなの結果から、～（結果）といえそうだ。」

10
結果から考察する場におけるアクティブ・ラーニング

10-1　結果から考察することの課題

全国学力学習状況調査結果に拠れば、観察・実験の結果を整理し、考察することは相当数の子どもができている。しかし、実験の結果を示したグラフをもとに定量的にとらえて考察することや、予想が一致した場合に得られる結果を見通して実験を構想したり、実験結果をもとに自分の考えを改善したりすることには課題が見られる。

アクティブ・ラーニングを通して、観察・実験の結果を表に整理したり、グラフに表したり、また、科学的な言葉や概念を使用して文章化したりすることなどをして、考察するようにしたい。

10-2　アクティブ・ラーニングによる考察

考察とは、観察・実験を行って得た結果をもとに、自然事象の規則性や性質などについての自分の考えをもつことである。

考察するに当たっては、結果を分析、解釈する場を設け、子どもたちの考えを出し合い、予想と結果を比較したり、視点に沿って関係づけたりする活動を行うようにする。

その際、学習内容によって、類と個（物の存在の規則性に関する見方）または因果（変化の規則性に関する見方）のどちらかの見方で関係づけるようにする。また、自分の考えを修正したり、付加、強化したりして、自然事象のきまりを見いだすようにする。

さらに、分析の場で見いだしたきまりを、図や言葉で筋道を立てて表現するようにする。結果から見いだした自然事象の規則性や性質について、自分なりの文章で考察を書くようにする。

10-3　考察の実際例

⑴考察の書き方の例

私は、□□□（結果）から、△△△（考察）と考えました。
その理由は、○○（根拠）だからです。
だから（よって）、○○だということがわかりました。

⑵考察の例

私は、電流を大きくすれば電磁石は強くなると予想しました（予想）。
実験したら、電流が大きくなると電磁石が強くなりました（結果）。
だから、電流の大きさと電磁石の強さは関係していることがわかりました（きまりの見いだし）。

11

結論を導き出す場におけるアクティブ・ラーニング

11-1　アクティブ・ラーニングにより結論を導き出すポイント

アクティブ・ラーニングより、結果から何がいえるのか、事実から何が読み取れるのかなどといったことを他者と協働しながら、結果を解釈して、科学的な考え方を結論として導き出すようにする。

特に、結論を導く場面では、実験の結果や自分の考えを自由にいえる話し合いの雰囲気が重要である。友達の意見をよく聞き、自分の考えをさらに深め、広げる発表ができるようする。

結果から結論を導き出す場のアクティブ・ラーニングでは、①考えを出し合う、②考えを比べ合う、③考えを深め合う、などによって、結論（きまり）を導き、一般化していくことがポイントである。

11-2　結論を導き出す学びのプロセス例

⑴自分の見通しのもとに行った観察・実験の結果を出し合う。
T：「方法と結果を発表しよう。」⇒C「○○で調べたら、□□□になりました。」
⑵自他の調べた方法や結果を比べ合う。共通点や差異点を見いだす。
T：「自分の結果と友達の結果を比べて、同じことや違うことがありませんか。」⇒C「方法は違う（同じ）けど、同じ（違う）結果でした。」など
⑶共通点や差異点をもとに、付加・修正して考えを高め合う。
T：「友達の結果を聞いて、新しく気づいたことはありませんか。」⇒C「○○のとき、□□□になることがわかりました。」など
⑷結論を導き出し、一般化する。
T：「今日の観察・実験から、どんなことがわかりますか。」⇒C「○○は、□□□ということがわかりました。」など

11-3　自分なりの結論、判断、考え方を表現する

学習の成果を自分なりに表現し、科学的知識をもてるようにする。その場合、文章で表現する「**きっかけの言葉**」として、「どうしてかというと」、「まとめていうと」「一緒に考えると」「要するに」「もし～だとしたら、～になると思う」「～と比べていうと」などがある。

また、科学的に考え、判断、表現する仕方として、「例えば、～のよう」「イメージ図で表すと」、「言葉つなぎで表すと」、「論理」、「○○説」、「表やグラフ」などがある。

きっかけの言葉や様々な表現方法を思考ツールと併せて有効活用し、理科でのアクティブ・ラーニングを進めていくようにしたい。

アクティブ・ラーニングによる理科授業例

第3章

各学年におけるアクティブ・ラーニングの取り組み

1．本章の構成について

第３章は３部で構成され、小学校理科の全単元におけるアクティブ・ラーニングによる授業の取り組みをモデルとして紹介しています。

第１部では、各単元におけるアクティブ・ラーニングの学習・指導方法の基本となる考え方について ①「何を学ぶか」に対するアクティブ・ラーニングによる単元のねらい、②「何ができるようになるか」に対する評価する観点、③「どのように学ぶか」に対するアクティブ・ラーニングを進めるに当たっての要点を述べています。

第２部では、アクティブ・ラーニングを取り入れた単元の指導計画について、①おもな学習活動、②問題解決のおもな場面での中心となるアクティブ・ラーニングの視点について述べています。

第３部では、理科におけるアクティブ・ラーニングの実際例について、①イラストを用いた話し合いや説明、発表等のアクティブ・ラーニングの様子、②問題解決の場面でのアクティブ・ラーニングを進める手順、③該当場面での指導のポイントなどを述べています。

2．本書の活用と留意事項

第１部　単元におけるアクティブ・ラーニングの学習・指導法の基本的な考え方

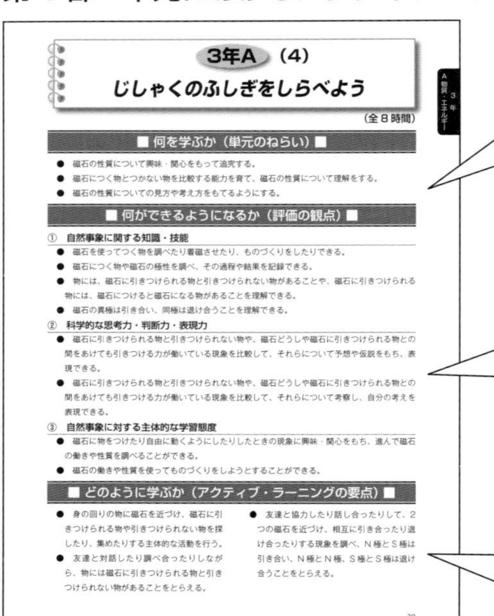

3年A　(4)

じしゃくのふしぎをしらべよう

（全８時間）

A 物質・エネルギー　3 年

■ 何を学ぶか（単元のねらい）■

- 磁石の性質について興味・関心をもって追究する。
- 磁石につく物とつかない物を比較する能力を育て、磁石の性質について理解をする。
- 磁石の性質についての見方や考え方をもてるようにする。

■ 何ができるようになるか（評価の観点）■

① 自然事象に関する知識・技能
- 磁石を使ってつく物を調べたり着磁させたり、ものづくりをしたりできる。
- 磁石につく物や磁石の極性を調べ、その過程や結果を記録できる。
- 物には、磁石に引きつけられる物と引きつけられない物があることや、磁石に引きつけられる物には、磁石につけると磁石になる物があることを理解できる。
- 磁石の異極は引き合い、同極は退け合うことを理解できる。

② 科学的な思考力・判断力・表現力
- 磁石に引きつけられる物と引きつけられない物や、磁石どうしや磁石に引きつけられる物との間をあけても引きつける力が働いている現象を比較して、それらについて予想や仮説をもち、表現できる。
- 磁石に引きつけられる物と引きつけられない物や、磁石どうしや磁石に引きつけられる物との間をあけても引きつける力が働いている現象を比較して、それらについて考察し、自分の考えを表現できる。

③ 自然事象に対する主体的な学習態度
- 磁石に物をつけたり自由に動くようにしたりしたときの現象に興味・関心をもち、進んで磁石の働きや性質を調べることができる。
- 磁石の働きや性質を使ってものづくりをしようとすることができる。

■ どのように学ぶか（アクティブ・ラーニングの要点）■

- 身の回りの物に磁石を近づけ、磁石に引きつけられる物や引きつけられない物を探したり、集めたりする主体的な活動を行う。
- 友達と対話したり調べ合ったりしながら、物には磁石に引きつけられる物と引きつけられない物があることをとらえる。
- 友達と協力したり話し合ったりして、２つの磁石を近づけ、相互に引き合ったり退け合ったりする現象を調べ、Ｎ極とＳ極は引き合い、Ｎ極とＮ極、Ｓ極とＳ極は退け合うことをとらえる。

39

ここでは、「何を学ぶか」について、単元のねらいとして扱い、「自然事象に対する主体的な学習態度」、「自然事象に対する知識・技能」、「科学的な思考力・判断力・表現力」の３つの視点で明記しています。

ここでは、「何ができるようになるか」について、学力の３つの要素から３つの観点で評価し、何を学び、何ができるようになるかを統一させ、指導と評価の一本化が図れるようにしました。

ここでは、「どのように学ぶか」について、該当単元におけるではアクティブ・ラーニングを取り上げる基本的な考え方について要点を明記しています。

第２部　アクティブ・ラーニングを取り入れた指導計画

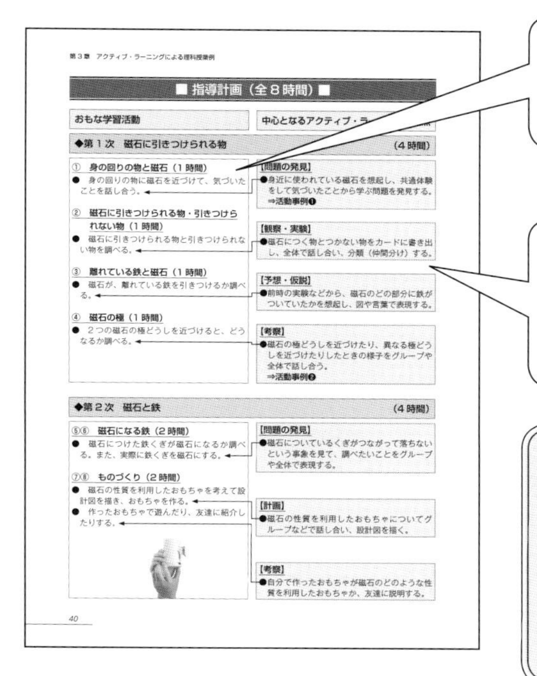

第３章　アクティブ・ラーニングによる理科授業例

■ 指導計画（全８時間）■

おもな学習活動	中心となるアクティブ・ラ
◆第１次　磁石に引きつけられる物	（４時間）
①　身の回りの物と磁石（１時間） ●　身の回りの物に磁石を近づけて、気づいたことを話し合う。	【問題の発見】 ●身近に使われている磁石を想起し、共通体験をして気づいたことから学ぶ問題を発見する。 ⇒活動事例❶
②　磁石に引きつけられる物・引きつけられない物（１時間） ●　磁石に引きつけられる物と引きつけられない物を調べる。	【観察・実験】 ●磁石につく物とつかない物をカードに書き出し、全体で話し合い、分類（仲間分け）する。
③　離れている鉄と磁石（１時間） ●　磁石が、離れている鉄を引きつけるか調べる。	【予想・仮説】 ●前時の実験などから、磁石のどの部分に鉄がついていたかを想起し、図や言葉で表現する。
④　磁石の極（１時間） ●　２つの磁石の極どうしを近づけると、どうなるか調べる。	【考察】 ●磁石の極どうしを近づけたり、異なる極どうしを近づけたりしたときの様子をグループや全体で話し合う。 ⇒活動事例❷
◆第２次　磁石と鉄	（４時間）
⑤⑥　磁石になる鉄（２時間） ●　磁石につけた鉄くぎが磁石になるか調べる。また、実際に鉄くぎを磁石にする。	【問題の発見】 ●磁石についているくぎがつながって落ちないという事象を見て、調べたいことをグループや全体で表現する。
⑦⑧　ものづくり（２時間） ●　磁石の性質を利用したおもちゃを考えて設計図を描き、おもちゃを作る。	【計画】 ●磁石の性質を利用したおもちゃについてグループなどで話し合い、設計図を描く。
●　作ったおもちゃで遊んだり、友達に紹介したりする。	【考察】 ●自分で作ったおもちゃが磁石のどのような性質を利用したおもちゃか、友達に説明する。

40

アクティブ・ラーニングを取り入れた指導計画では、該当単元における「おもな学習活動」を記しています。

中心となるアクティブ・ラーニングの視点では、問題解決の学習過程の「問題の発見」、「予想・仮説」、「計画」、「観察・実験」、「考察」の５つの場面を重点的に取り上げています。

学習内容により、アクティブ・ラーニングの学びが深まる場面が異なります。単元の指導計画を作成する場合は、問題解決の学習過程の中でどのような場面でアクティブ・ラーニングの学習・指導法を取り上げると、子どもの学びが深まるかを考え、重点を決めて位置づけていきましょう。

第３部　アクティブ・ラーニングの実際例

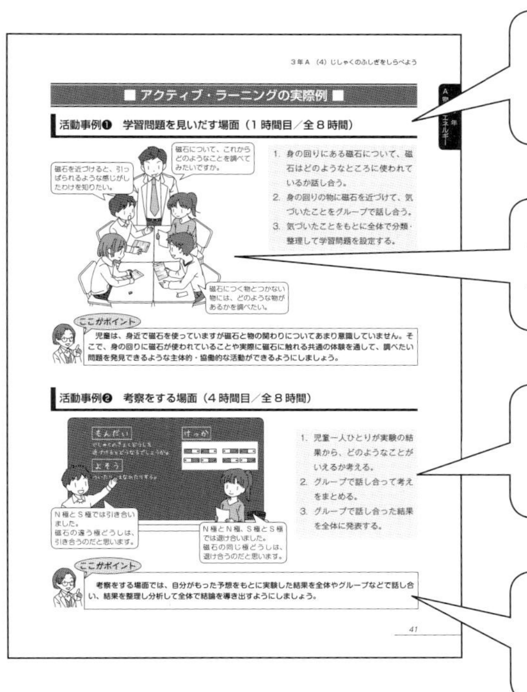

３年Ａ（4）じしゃくのふしぎをしらべよう

■ アクティブ・ラーニングの実際例 ■

活動事例❶　学習問題を見いだす場面（１時間目／全８時間）

1. 身の回りにある磁石について、磁石はどのようなところに使われているか話し合う。
2. 身の回りの物に磁石を近づけて、気づいたことをグループで話し合う。
3. 気づいたことをもとに全体で分類・整理して学習問題を設定する。

ここがポイント

児童は、身近で磁石を使っていますが磁石と物の関わりについてあまり意識していません。そこで、身の回りに磁石が使われていることや実際に磁石に触れる共通の体験を通して、調べたい問題を発見できるような主体的・協働的な活動ができるようにしましょう。

活動事例❷　考察をする場面（４時間目／全８時間）

1. 児童一人ひとりが実験の結果から、どのようなことがいえるか考える。
2. グループで話し合って考えをまとめる。
3. グループで話し合った結果を全体に発表する。

ここがポイント

考察をする場面では、自分がもった予想をもとに実験した結果を全体やグループなどで話し合い、結果を整理し分析して全体で結論を導き出すようにしましょう。

41

ここでは、指導計画におけるアクティブ・ラーニングの活動事例の一部を紹介し、モデルとして表しました。

イラストは、活動場面で主体的に課題の発見・解決への取り組んでいる様子などを記載しました。

ここでは、活動の場面や話し合いなどの手順を示しています。

「ここがポイント」では、アクティブ・ラーニングの活動で何を実現しようとしているのかという観点から活動の視点を明記しています。

3年A （1）
ものの重さをしらべよう

（全６時間）

■ 何を学ぶか（単元のねらい）■

- 物と重さについて興味・関心をもって追究する。
- 物の形や体積、重さなどの性質の違いを比較する能力を育て、それらの関係を理解する。
- 物の性質についての見方や考え方をもてるようにする。

■ 何ができるようになるか（評価の観点）■

① 自然事象に関する知識・技能

- てんびんや自動上皿はかりを適切に使って、安全に実験やものづくりができる。
- 物の形や体積と重さの関係について体感をもとにしながら調べ、その過程や結果を記録できる。
- 物は、形が変わっても重さは変わらないことを理解できる。
- 物は、体積が同じでも重さは違うことがあることを理解できる。

② 科学的な思考力・判断力・表現力

- 物の形を変えたときの重さや、物の体積を同じにしたときの重さを比較して、それらについて予想や仮説をもち、表現できる。
- 物の形を変えたときの重さや、物の体積を同じにしたときの重さを比較して、それらを考察し、自分の考えを表現できる。

③ 自然事象に対する主体的な学習態度

- 物の形や体積と重さの関係に興味・関心をもち、進んで物の性質を調べることができる。
- 物の形や体積と重さの関係を適用し、身の回りの現象を見直すことができる。

■ どのように学ぶか（アクティブ・ラーニングの要点）■

- 日常的に感じている知識とは異なる考えが多く身につけられる単元である。実験ごとに予想を友達と伝え合い、自分の考えを表現することで、予想との違いに着目した考察を行う。
- 友達と協力したり話し合ったりしながら、物の重さを正確にはかり、比べていくことで、物と重さの関係を理解する。
- 結果についてグループや全体で話し合いながら共有することで、全体の正確な実験結果をもとに考察を行う。

■ 指導計画（全６時間）■

おもな学習活動	中心となるアクティブ・ラーニングの視点
◆第１次　物の重さと形（4時間）	
①　身の回りの物の重さ比べ（1時間） ●　身の回りにあるいろいろな物を手に持って重さを比べ、気づいたことを話し合う。	**【問題の発見】** ●身の回りの物を手で持ち、重さを比べる体感から気づいたことを話し合い、学ぶ問題を発見する。 **⇒活動事例❶**
②　身の回りの物の重さ調べ（1時間） ●　はかりや天びんの使い方を知り、身の回りの物の重さを調べる。	**【考察】** ●予想に立ち返った考察を行い、気づいたことを発表し合うことで、正確な器具を用いて実験を行う有効性に気づく。
③④　物の重さと形（2時間） ●　いろいろな形に変えたり、小さく分けたりする活動を通して、重さを予想し、実験を計画する。	**【計画】** ●予想を確かめるには、どのような形の重さを調べる必要があるか、個人の予想をもとにグループで計画を立てる。 **⇒活動事例❷**
●　いろいろな形に変えたときの物の重さを調べる。	**【考察】** ●様々な形に変えた物の重さの結果をカードに書き出し、全体で話し合う。

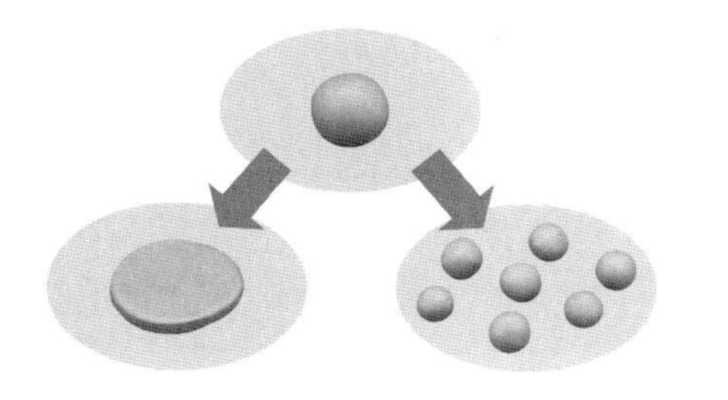

おもな学習活動	中心となるアクティブ・ラーニングの視点
◆第２次　物の重さと種類（2時間）	
⑤⑥　同じ体積の物の重さ（2時間） ●　同じ体積で、種類の違う物の重さについて、経験をもとに予想し、実験を計画する。	**【予想・仮説】** ●これまでの経験を想起し、図や言葉で表現する。
●　同じ体積で、種類の違う物の重さを比べる。	**【考察】** ●体積が同じで種類の違う物の重さをはかった結果を、手ごたえの判断とともにグループで話し合い、全体に発表する。

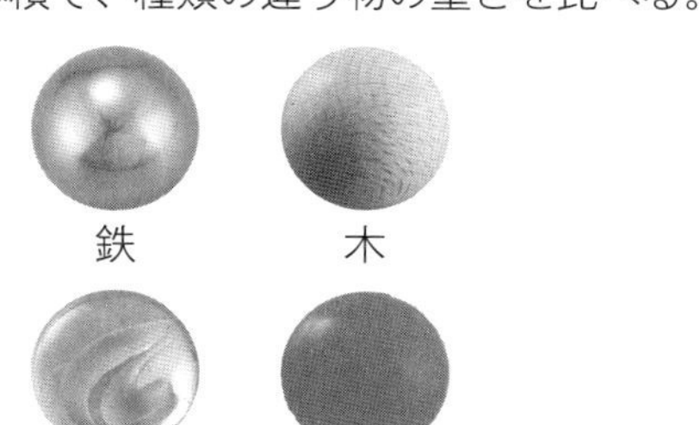

■アクティブ・ラーニングの実際例■

活動事例❶　学習問題を見いだす場面（１時間目／全６時間）

1. 身の回りにある物を一人ひとり手に持って、重さ比べを行う。
2. グループで、個人が考えた予想や理由を話し合う。
3. 気づいたことをもとに全体で考えを分類・整理して、物の重さをくわしく調べていこうという学習問題を設定する。

ここがポイント

児童は、見た目に影響を受けて重さを判断しやすいので、様々な物を用意し、体感をさせましょう。そのなかで、体感だけではどちらが重いかわからないような物、重さは同じで形が異なる物などを用意しましょう。自分の考えと友達の考えの違いを見つけ、もっと正確に調べたいという意欲を高めた上で学習問題を設定できるような主体的・協働的な活動を行いましょう。

活動事例❷　計画を立てる場面（３時間目／全６時間）

1. グループで児童一人ひとりが予想を発表する。
2. グループで、全員の予想が確かめられる実験計画を話し合う。
3. 話し合ったことを全体で整理し、実験方法を確認する。

ここがポイント

全員が予想を友達と発表し合ったうえで、実験計画を立てることで、考察の意欲につなげましょう。また、児童の多くは形が変わると重さが変わると思っているため、その考えを明確にしたうえで実験をすると、児童の記憶に残りやすくなります。形を変えても重さは変わらないことを確かめるには、１つのかたまりを様々な形に変化させていく必要があることに、話し合いのなかで気づかせていきましょう。

3年A （2）
ゴムや風でものをうごかそう

（全７時間）

■ 何を学ぶか（単元のねらい）■

- ゴムや風の働きについて興味・関心をもって追究する。
- ゴムや風の力を働かせたときの現象の違いを比較する能力を育て、ゴムや風の働きについて理解する。
- ゴムや風の働きについての見方や考え方をもてるようにする。

■ 何ができるようになるか（評価の観点）■

① 自然事象に関する知識・技能

- ゴムや送風機を適切に使って、安全に実験やものづくりをすることができる。
- ゴムを働かせたときや風を受けたときの現象の違いについて、手ごたえなどの体感をもとにしながら調べ、その過程や結果を記録できる。
- ゴムの力は、物を動かすことができることを理解できる。
- 風の力は、物を動かすことができることを理解できる。

② 科学的な思考力・判断力・表現力

- ゴムを引っぱったり、ねじったりしたときの物の動く様子や、風を当てたときの物の動く様子を比較して、それらについて予想や仮説をもち表現できる。
- ゴムを引っぱったり、ねじったりしたときの物の動く様子や、風を当てたときの物の動く様子を比較して、それらを考察し、自分の考えを表現できる。

③ 自然事象に対する主体的な学習態度

- ゴムや風の力を働かせたときの現象に興味・関心をもち、進んでゴムや風の働きを調べることができる。
- ゴムや風の力の働きを活用してものづくりをしたり、その働きを利用した物を見つけたりしようとすることができる。

■ どのように学ぶか（アクティブ・ラーニングの要点）■

- 個々の児童が、ゴムや風の力で物が動く現象や物を動かす活動から、ゴムや風の力の働きに興味･関心をもち、主体的に調べる。
- ゴムや風の力が物を動かす働きについて、ゴムで遊んだ経験や風が物を動かす現象から予想をもち、友達と協力して実験計画を立てる。
- ゴムののばす長さを変えたり、風の強さを変えたりして物の動きを調べる実験を友達と協力して行い、ゴムや風の働きをとらえる。
- 結果をもとに自分の考えをまとめ、グループや全体で話し合う。

■ 指導計画（全７時間）■

おもな学習活動	中心となるアクティブ・ラーニングの視点

◆第１次　物を動かすゴム　（４時間）

①　ゴムの力と物の動き（１時間）

● ゴムで動く車を作り、車を走らせ、気づいたことを話し合う。

②③　ゴムの働きと物の動き（２時間）

● ゴムののばし方を変えて、車の進む長さを調べる。

④　ゴムの種類と物の動き（１時間）

● ゴムの本数や太さを変えて、車の進む長さを調べる。

数をふやす。

太くする。

【問題の発見】
●ゴムののばす長さと車の進む長さに注目して、一人ひとりが体感したことをカードに書き、全体で分類して学ぶ問題を発見する。

【予想・仮説】
●ゴムで遊んだ経験や前時の活動を振り返り、車の進み方を比較しながら考え、グループで予想を立ててお互いに意見交換をし、全体に発表する。
⇒活動事例❶

【観察・実験】
●車が進む長さを調べるために、スタートの位置や、ゴムをのばす長さのはかり方をペアやグループで話し合いながら、実験結果を表に表わす。

◆第２次　物を動かす風　（３時間）

⑤　風の働きと物の動き（１時間）

● 風の強さを変えて、車の進む長さを調べる。

⑥⑦　ものづくり（２時間）

● ゴムや風の働きを利用したおもちゃを作る。
● 作ったおもちゃで遊んだり、友達に紹介したりする。

【考察】
●車の進む長さと風の働きについて、ゴムのまとめ方をもとにグループで話し合い、全体に発表する。

【計画】
●ゴムや風の働きを利用したおもちゃをグループなどで話し合い、作るための設計図を描く。
⇒活動事例❷

■アクティブ・ラーニングの実際例■

活動事例❶　予想・仮説を立てる場面（2時間目／全7時間）

1. ゴムで遊んだ経験や前時で活動したことを思い起こしながら、ゴムの働きについて自分の考えをノートに書く。
2. グループで自分の予想を発表したり、友達の発表を聞いたりしながら、今の自分の考えを整理する。
3. グループで話し合ったことを全体に発表して、予想を整理する。

ここがポイント

児童はゴムを使って遊んだことはあるが、その働きについてはあまり意識していません。車を使った導入においても、ゴムをのばす長さが、走る長さと関係していることを感じていますが、ゴムの働きとして考える児童は少ないようです。体感や経験をもとに、友達と意見を交換するなかで、今もっている自分の考えを整理できるようにしましょう。

活動事例❷　計画を立てる場面（6時間目／全7時間）

1. ゴムや風の働きを利用したおもちゃのしくみをグループで話し合う。
2. グループで話し合ったことを全体で発表し、それぞれのおもちゃのしくみを確認する。
3. 作りたいおもちゃのしくみを考え、図に表して説明する。

ここがポイント

ものづくりを計画する場面では、作りたいという意欲をもたせましょう。そこで、ゴムや風の力のどのような性質を使ってものづくりを行うのかを説明できるようにしましょう。また、生活に活用する意欲や姿勢を育てるようにしましょう。

3年A（3）

太陽の光をしらべよう

（全６時間）

■ 何を学ぶか（単元のねらい）■

● 光の性質について興味・関心をもって追究する。

● 光の明るさや暖かさの違いを比較する能力を育て、光の性質についての理解をする。

● 光の性質についての見方や考え方をもてるようにする。

■ 何ができるようになるか（評価の観点）■

① 自然事象に関する知識・技能

● 平面鏡や虫眼鏡を適切に使って、安全に実験やものづくりができる。

● 光を反射させたり集めたりしたときの明るさや暖かさの違いを調べ、その過程や結果を記録できる。

● 日光は集めたり反射させたりできることを理解できる。

● 物に日光を当てると、物の明るさや暖かさが変わることを理解できる。

② 科学的な思考力・判断力・表現力

● 光を働かせたときとそうでないときの現象や、光を集めたり重ね合わせたりしたときの物の明るさや暖かさを比較して、それらについて予想や仮説をもち、表現することができる。

● 光を働かせたときとそうでないときの現象や、光を集めたり重ね合わせたりしたときの物の明るさや暖かさを比較して、それらを考察し、自分の考えを表現できる。

③ 自然事象に対する主体的な学習態度

● 平面鏡や虫眼鏡に日光を当てたときの現象に興味・関心をもち、進んで光の性質を調べることができる。

● 光の進み方や性質を使ってものづくりをしようとすることができる。

■ どのように学ぶか（アクティブ・ラーニングの要点）■

● 平面鏡に日光を当てたり、光がどのように反射したりするかなどの体験が十分でない児童が多い。主体的・協働的な学習を行うために、単元のはじめに「的当て遊び」などの共通体験を行い、自ら問題を発見する。

● 虫眼鏡で光を集めたり、温度をはかったりする活動は、技能をしっかり習得し、話し合いをするなかで見通しをもって観察・実験できるようにする。

● 観察・実験の場では、比較しながら調べる能力を育てるとともに、その結果を表や言葉で表現する。その結果をグループや全体で考察する。

■指導計画（全６時間）■

おもな学習活動	中心となるアクティブ・ラーニングの視点
◆第１次　光の進み方（1時間）	
① 光の進み方（1時間） ● 鏡で太陽の光をはね返し、的当て遊びをして、気づいたことを話し合う。 ● 鏡ではね返した光の進み方を調べる。	**【問題の発見】** ●１人につき１枚の鏡を使って「的当て遊び」の共通体験をし、気づいたことを話し合い、学ぶ問題を発見する。 **【観察・実験】** ●鏡ではね返した光の進み方や、光の道すじを別の鏡ではね返したときの光の進み方をグループで協力して調べる。
◆第２次　光を当てたところの明るさと暖かさ（5時間）	
② 光の明るさと暖かさ（1時間） ● 光を当てたところの明るさや暖かさを調べる。	**【観察・実験】** ●光を当てたところと当てないところでは、明るさと暖かさに違いがあるのか比較しながら、調べたことを記録する。
③ 光を集めたときの明るさと暖かさ（1時間） ● 光を集める鏡の数を増やしたときの明るさと温度を調べる。	**【予想・仮説】** ●前時の学習や的当ての遊びの経験から、光を集める鏡の数を増やしたときの明るさや温度を予想し、グループや全体で話し合い、表現する。 ⇒活動事例❶
④ 太陽の光で温めた水（1時間） ● ペットボトルに入った水を自分が考えた方法で太陽の光を使って温める。	**【計画】** ●これまでの学習をもとに、グループでペットボトルに入れた水を温める方法を考える。
⑤ 虫眼鏡で集めた光（1時間） ● 虫眼鏡で光を集めたときの明るさと暖かさを調べる。	**【計画】** ●虫眼鏡の適切な使い方を知り、光を集めたときの明るさや暖かさを調べる実験方法をグループで考え、話し合い、表現する。 ⇒活動事例❷
⑥ 太陽の光（1時間） ● これまでに学んだことをまとめ、太陽の光を日常生活で活用している事例を話し合う。	**【考察】** ●太陽の光が日常生活で大変重要な役割をしていることをグループで調べ、事例をあげて全体に発表する。

■アクティブ・ラーニングの実際例■

活動事例❶　予想・仮説を立てる場面（３時間目／全６時間）

1. 前時の学習や的当て遊びの経験から、児童一人ひとりが予想をカードに書く。
2. 自分の予想を全体で発表し、意見交換をする。
3. 友達の意見を聞き合い、カードを分類・整理して共有化し、自分の考えを整理する。

ここがポイント

前時の活動や的当て遊びの体験を想起させ、児童一人ひとりがカードに自分の考えを書き、話し合いにのぞむことが主体的・協働的な学習の一歩です。全体では、出てきた考えを分類・整理し、予想や仮説を共有化し、考えを広げるようにしましょう。

活動事例❷　計画を立てる場面（５時間目／全６時間）

1. 虫眼鏡について知っていることをまとめる。
2. グループで、虫眼鏡で光を集める方法を話し合う。
3. グループで話し合った結果を発表する。
4. 実験計画を整理し、虫眼鏡の使い方や温度計の使い方を確認し、見通しをもった計画にする。

ここがポイント

虫眼鏡や温度計の扱い方には慣れていない児童が多く見られます。正しい観察・実験の技能を習得させ、その技能を活用し、見通しをもった観察・実験の計画が立てられるようにグループや全体で主体的・協働的な活動を行うようにしましょう。

3年A （4）
じしゃくのふしぎをしらべよう

（全８時間）

■ 何を学ぶか（単元のねらい）■

- 磁石の性質について興味・関心をもって追究する。
- 磁石につく物とつかない物を比較する能力を育て、磁石の性質について理解をする。
- 磁石の性質についての見方や考え方をもてるようにする。

■ 何ができるようになるか（評価の観点）■

①　自然事象に関する知識・技能

- 磁石を使ってつく物を調べたり着磁させたり、ものづくりをしたりできる。
- 磁石につく物や磁石の極性を調べ、その過程や結果を記録できる。
- 物には、磁石に引きつけられる物と引きつけられない物があることや、磁石に引きつけられる物には、磁石につけると磁石になる物があることを理解できる。
- 磁石の異極は引き合い、同極は退け合うことを理解できる。

②　科学的な思考力・判断力・表現力

- 磁石に引きつけられる物と引きつけられない物や、磁石どうしや磁石に引きつけられる物との間をあけても引きつける力が働いている現象を比較して、それらについて予想や仮説をもち、表現できる。
- 磁石に引きつけられる物と引きつけられない物や、磁石どうしや磁石に引きつけられる物との間をあけても引きつける力が働いている現象を比較して、それらについて考察し、自分の考えを表現できる。

③　自然事象に対する主体的な学習態度

- 磁石に物をつけたり自由に動くようにしたりしたときの現象に興味・関心をもち、進んで磁石の働きや性質を調べることができる。
- 磁石の働きや性質を使ってものづくりをしようとすることができる。

■ どのように学ぶか（アクティブ・ラーニングの要点）■

- 身の回りの物に磁石を近づけ、磁石に引きつけられる物や引きつけられない物を探したり、集めたりする主体的な活動を行う。
- 友達と対話したり調べ合ったりしながら、物には磁石に引きつけられる物と引きつけられない物があることをとらえる。
- 友達と協力したり話し合ったりして、2つの磁石を近づけ、相互に引き合ったり退け合ったりする現象を調べ、N極とS極は引き合い、N極とN極、S極とS極は退け合うことをとらえる。

■指導計画（全８時間）■

おもな学習活動	中心となるアクティブ・ラーニングの視点
◆第１次　磁石に引きつけられる物（４時間）	
①　身の回りの物と磁石（１時間） ●　身の回りの物に磁石を近づけて、気づいたことを話し合う。	**【問題の発見】** ●身近に使われている磁石を想起し、共通体験をして気づいたことから学ぶ問題を発見する。 **⇒活動事例❶**
②　磁石に引きつけられる物・引きつけられない物（１時間） ●　磁石に引きつけられる物と引きつけられない物を調べる。	**【観察・実験】** ●磁石につく物とつかない物をカードに書き出し、全体で話し合い、分類（仲間分け）する。
③　離れている鉄と磁石（１時間） ●　磁石が、離れている鉄を引きつけるか調べる。	**【予想・仮説】** ●前時の実験などから、磁石のどの部分に鉄がついていたかを想起し、図や言葉で表現する。
④　磁石の極（１時間） ●　２つの磁石の極どうしを近づけると、どうなるか調べる。	**【考察】** ●磁石の極どうしを近づけたり、異なる極どうしを近づけたりしたときの様子をグループや全体で話し合う。 **⇒活動事例❷**
◆第２次　磁石と鉄（４時間）	
⑤⑥　磁石になる鉄（２時間） ●　磁石につけた鉄くぎが磁石になるか調べる。また、実際に鉄くぎを磁石にする。	**【問題の発見】** ●磁石についているくぎがつながって落ちないという事象を見て、調べたいことをグループや全体で表現する。
⑦⑧　ものづくり（２時間） ●　磁石の性質を利用したおもちゃを考えて設計図を描き、おもちゃを作る。	**【計画】** ●磁石の性質を利用したおもちゃについてグループなどで話し合い、設計図を描く。
●　作ったおもちゃで遊んだり、友達に紹介したりする。	**【考察】** ●自分で作ったおもちゃが磁石のどのような性質を利用したおもちゃか、友達に説明する。

■ アクティブ・ラーニングの実際例 ■

活動事例❶　学習問題を見いだす場面（1 時間目／全 8 時間）

1. 身の回りにある磁石について、磁石はどのようなところに使われているか話し合う。
2. 身の回りの物に磁石を近づけて、気づいたことをグループで話し合う。
3. 気づいたことをもとに、全体で分類・整理して学習問題を設定する。

ここがポイント

児童は、身近で磁石を使っていますが磁石と物の関わりについてあまり意識していません。そこで、身の回りに磁石が使われていることや実際に磁石に触れる共通の体験を通して、調べたい問題を発見できるような主体的・協働的な活動ができるようにしましょう。

活動事例❷　考察をする場面（4 時間目／全 8 時間）

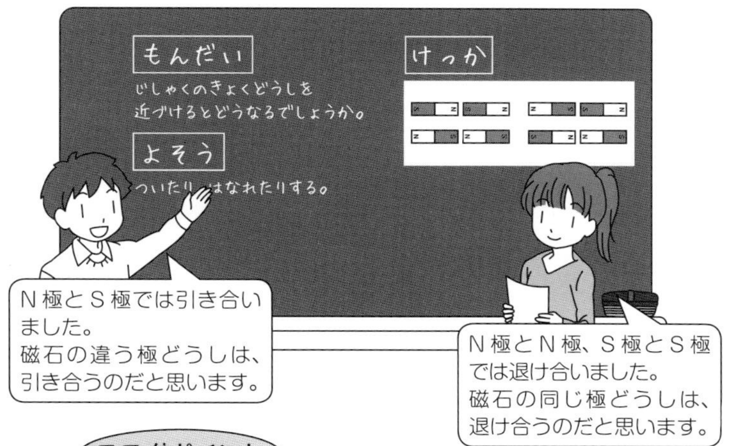

1. 児童一人ひとりが実験の結果から、どのようなことがいえるか考える。
2. グループで話し合って考えをまとめる。
3. グループで話し合った結果を全体に発表する。

ここがポイント

考察をする場面では、自分がもった予想をもとに実験した結果を全体やグループなどで話し合い、結果を整理し分析して全体で結論を導き出すようにしましょう。

3年A （5）

豆電球にあかりをつけよう

（全８時間）

■ 何を学ぶか（単元のねらい）■

- 電気の通り道（回路）について興味・関心をもって追究する。
- 電気を通すつなぎ方と通さないつなぎ方、電気を通す物と通さない物を比較する能力を育て、電気の通り道（回路）について理解する。
- 電気の回路についての見方や考え方をもてるようにする。

■ 何ができるようになるか（評価の観点）■

①　自然事象に関する知識・技能

- 乾電池と豆電球を使って回路をつくったり、ものづくりをしたりできる。
- 回路の一部にいろいろな物を入れ、豆電球が点灯するときとしないときの違いを調べ、その過程や結果を記録できる。
- 電気を通すつなぎ方と通さないつなぎ方があることを理解できる。
- 電気を通す物と通さない物があることを理解できる。

②　科学的な思考力・判断力・表現力

- 豆電球が点灯するときとしないときや、回路の一部にいろいろな物を入れたときを比較して、それらについて予想や仮説をもち、表現できる。
- 豆電球が点灯するときとしないときや、回路の一部にいろいろな物を入れたときを比較して、それらを考察し、自分の考えを表現できる。

③　自然事象に対する主体的な学習態度

- 乾電池に豆電球をつないだり、回路に物を入れたりしたときの現象に興味・関心をもち、進んで電気の回路を調べることができる。
- 乾電池と豆電球の性質を使ってものづくりをしようとすることができる。

■ どのように学ぶか（アクティブ・ラーニングの要点）■

- 豆電球にあかりをつける学習の必然性をもたせるため、真っ暗な部屋の中で豆電球が点灯している場を単元の導入で設定する。
- 個々の児童が主体的に取り組めるように、自由試行の時間を十分に設定し、その中で全員が、豆電球が点灯するときとしないときのつなぎ方をとらえる。
- 電気を通す物と通さない物を調べるときには、両方の物を用意し、材質に目を向ける。また、調べる物を分担し、全員で学習するよさにも気づく。
- 豆電球が点灯するときと点灯しないとき、電気を通す物・通さない物と、常に比較をしながら学習を進める。

■ 指導計画（全８時間）■

おもな学習活動	中心となるアクティブ・ラーニングの視点

◆第１次　電気の通り道　（３時間）

①②　電気を通すつなぎ方（２時間）

● あかりが生活の中で、どのように使われているか話し合う。

● 豆電球にあかりがつくつなぎ方を調べる。

③　電気が通らないとき（１時間）

● 回路ができているように見えても、豆電球にあかりがつかない理由を話し合う。

【問題の発見】

●あかりを意識した話し合いができるように、授業をはじめる前に教室を真っ暗にして、単元への興味・関心をもち、学ぶ問題を発見する。

【考察】

●豆電球が点灯するときとしないときをカードに描き、全体で操作しながら分類（なかま分け）する。

⇒活動事例❶

【考察】

●点灯したときと比較して共通点や差異点から、その違いを話し合い、図や言葉で表現する。

◆第２次　電気を通す物・通さない物　（５時間）

④⑤⑥　電気を通す物通さない物（３時間）

● 電気を通す物、通さない物を調べる。

● 身の回りの金属を探す。

⑦⑧　ものづくり（２時間）

● 豆電球を利用したおもちゃを考えて設計図を描き、おもちゃを作る。

● 作ったおもちゃで遊んだり、友達に紹介したりする。

【観察・実験】

●グループごとに調べるものを分担し、結果を共有する。

⇒活動事例❷

【計画】

●豆電球を利用したおもちゃについてグループなどで話し合い、設計図を描く。

【考察】

●豆電球を利用したおもちゃを、実際に操作しながら、友達に説明する。

■ アクティブ・ラーニングの実際例 ■

活動事例❶　考察する場面（２時間目／全８時間）

1. 豆電球、ソケット、乾電池を用いて、豆電球に一人ひとりがあかりをつける活動を行う。
2. 豆電球が点灯したときとしないときのつなぎ方をカードに図や言葉で表現する。
3. 模造紙に点灯したとき、点灯しなかったときと分けてカードを貼り、分類、整理する。
4. 比較しながら考察したことを全体で話し合いをする。

ここがポイント

実験だけでなく、点灯するときとしないときをカードに描くという作業も入るので、時間を十分に確保しましょう。また、豆電球、乾電池、導線の図示の仕方を示すことで、豆電球と乾電池のつなぎ方に目を向けることができます。

活動事例❷　観察・実験をする場面（４時間目／全８時間）

1. 材質がはっきりとわかる電気を通す物と通さない物を用意する。
2. グループごとに調べる物を分担する。
3. グループで調べた結果を全体で発表し、電気を通す物、通さない物に分け、黒板で分類し、結果を共有する。

ここがポイント

どのグループにも電気を通す物、通さない物が入るように分けましょう。また、アルミ缶やスチール缶などは、児童の実態に応じて一部分を磨いて渡すとよいでしょう。黒板で分類するときには、材質を意識して分類・整理するようにしましょう。

3年B （1）

植物をそだてよう

（全 13 時間）

■ 何を学ぶか（単元のねらい）■

- 身近な植物について興味・関心をもって追究する。
- 植物の成長過程と体のつくりを比較する能力を育て、それらについて理解する。
- 生物を愛護する態度を育て、植物の成長のきまりや体のつくりについての見方や考え方をもてるようにする。

■ 何ができるようになるか（評価の観点）■

① 自然事象に関する知識・技能

- 植物の栽培をしながら、虫眼鏡などの器具を適切に使って、その成長を観察できる。
- 植物の体のつくりや育ち方を観察し、その過程や結果を記録できる。
- 植物の育ち方には一定の順序があり、その体は根、茎及び葉からできていることを理解できる。

② 科学的な思考力・判断力・表現力

- 植物どうしを比較して、差異点や共通点について予想や仮説をもち、表現できる。
- 植物どうしを比較して、差異点や共通点を考察し、自分の考えを表現できる。

③ 自然事象に対する主体的な学習態度

- 身近な植物に興味・関心をもち、進んでそれらの成長のきまりや体のつくりを調べることができる。
- 身近な植物に愛情をもって、探したり育てたりしようとすることができる。

■ どのように学ぶか（アクティブ・ラーニングの要点）■

- 個々の児童が、身近な植物に興味・関心や愛情をもち、植物を栽培しながら成長のきまりや体のつくりを調べようとする主体的な活動を行う。
- 友達と対話したり調べ合ったりしながら学びを深め、複数の植物で比較して、植物の育ち方には一定の順序があることや、体は根、茎及び葉からできていることをとらえる。
- 自分が栽培している植物の観察だけでなく、友達が栽培している植物や身近な植物、図鑑などを活用して、植物の体のつくりについてとらえる。
- 各自観察記録をもとに、グループや全体で話し合う。

■指導計画（全 13 時間）■

おもな学習活動	中心となるアクティブ・ラーニングの視点
◆第１次　種まき（3 時間）	
①　植物の育ち方（1 時間） ●　栽培したことのある植物がどのように育ったかを話し合い、育つ順序を予想する。	**【問題の発見】** ●これまでの経験などを振り返り、全体で植物が種からどのように育っていくか予想し、植物の育ち方に興味・関心をもつ。
②③　種の観察と種まき（2 時間） ●　種の様子を観察し、種のまき方などを知り、育てる植物の種を畑や花壇にまく。	**【計画】** ●２種類の植物を比較しながら観察する計画を全体で立て、見通しをもつ。 **⇒活動事例❶**
◆第２次　育つ様子（2 時間）	
④　芽が出たあと（1 時間） ●　芽が出たあとの様子を調べる。	**【観察・実験】** ●一人ひとりが虫眼鏡を使って種を観察し、図や言葉で記録する。
⑤　子葉が出たあと（1 時間） ●　子葉のあとに出てくる葉を調べる。	**【考察】** ●複数の記録をもとにグループで話し合い、植物の育ち方について差異点や共通点を全体で整理する。
◆第３次　育つ様子と体のつくり（2 時間）	
⑥　育つ様子（1 時間） ●　植物の育つ様子を調べる。	**【予想・仮説】** ●これまでの植物の育ち方をもとに、今後植物がどのようになるか考え、予想し、表現する。 **⇒活動事例❷**
⑦　体のつくり（1 時間） ●　植物の体のつくりを調べる。	
◆第４次　育つ様子（2 時間）	
⑧⑨　育つ様子（2 時間） ●　植物の育つ様子を調べる。	**【観察・実験】** ●予想をもとに観察し、花が咲くことをとらえる。
◆第５次　花が咲いたあと（4 時間）	
⑩⑪　植物の様子（2 時間） ●　植物の育つ様子や根の様子を調べる。	
⑫⑬　植物の育ち方（2 時間） ●　植物の育つ順序についてまとめる。	**【考察】** ●複数の記録や身近な植物、図鑑を活用して、植物の成長過程と体のつくりについてグループで話し合い、全体に発表する。

■ アクティブ・ラーニングの実際例 ■

活動事例❶　計画を立てる場面（2時間目／全 13 時間）

1. アサガオや野菜など、生活科で育ててきた植物を想起し、観察する視点を話し合う。
2. 学級全体と各個人の記録の仕方を分け、観察計画を立てる。
3. 個人の観察カードや学級全体で作る観察記録の準備をする。

ここがポイント

観察計画を立てる場面では、児童に見通しをもたせ、長期間にわたる栽培への関心や意欲をもたせましょう。色や形、大きさなどの観察の視点をもたせ、比較する力を育てるとともに、栽培を通して植物を愛護する態度を養えるようにしましょう。

活動事例❷　予想・仮説を立てる場面（6時間目／全 13 時間）

1. これまでの植物の育ち方の差異点や共通点を全体で話し合い、確認する。
2. 児童一人ひとりが、今後の植物の育ち方について予想する。
3. グループで話し合って考えをまとめ、発表する。

ここがポイント

これまでの植物の育ち方の差異点や共通点をもとに、まずは児童一人ひとりに今後の育ち方を予想させましょう。これまでの学級全体や各個人の記録を十分活用させましょう。

3年B (1)

こん虫をそだてよう

（全 10 時間）

■ 何を学ぶか（単元のねらい）■

- 身近な昆虫について興味・関心をもって追究する。
- 昆虫の成長過程と体のつくりを比較する能力を育て、それらについて理解する。
- 生物を愛護する態度を育て、昆虫の成長のきまりや体のつくりについての見方や考え方をもてるようにする。

■ 何ができるようになるか（評価の観点）■

① 自然事象に関する知識・技能

- 昆虫の飼育をしながら、虫眼鏡などの器具を適切に使って、その活動や成長を観察できる。
- 昆虫の体のつくりや育ち方を観察し、その過程や結果を記録できる。
- 昆虫の育ち方には一定の順序があり、その体は頭、胸及び腹からできていることを理解できる。

② 科学的な思考力・判断力・表現力

- 昆虫どうしを比較して、差異点や共通点について予想や仮説をもち、表現できる。
- 昆虫どうしを比較して、差異点や共通点を考察し、自分の考えを表現できる。

③ 自然事象に対する主体的な学習態度

- 身近な昆虫に興味・関心をもち、進んでそれらの成長のきまりや体のつくりを調べることができる。
- 身近な昆虫に愛情をもって、探したり育てたりしようとすることができる。

■ どのように学ぶか（アクティブ・ラーニングの要点）■

- 個々の児童が、身近な昆虫に興味・関心や愛情をもち、昆虫を飼育しながら成長のきまりや体のつくりを調べようとする主体的な活動を行う。
- 友達と対話したり調べ合ったりしながら学びを深め、複数の昆虫で比較して、昆虫の育ち方には一定の順序があることや、体は頭、胸及び腹からできていることをとらえる。
- 生きている昆虫の観察だけでなく、標本、模型、図鑑などを活用して、昆虫の体のつくりについてとらえる。
- 各自観察記録をもとに、グループや全体で話し合う。

■ 指導計画（全 10 時間）■

おもな学習活動	中心となるアクティブ・ラーニングの視点

◆第１次　チョウの育ち方　（5 時間）

おもな学習活動	中心となるアクティブ・ラーニングの視点
① チョウの育つ順序（1 時間） ● チョウは卵からどのように育つかを話し合い、育つ順序を予想する。	【問題の発見】 ●写真や動画を見て、キャベツ畑にいるモンシロチョウが卵を産んでいることに気づかせ、チョウが卵からどのように成長するか興味・関心をもつ。
②③④⑤ チョウの育ち方（4 時間） ● チョウの飼い方を知り、チョウの育つ様子を調べる。	【観察・実験】 ●卵、幼虫、さなぎを観察し、図や言葉で記録する。 ⇒活動事例❶
● 記録を整理して、チョウの育ち方について考える。	【考察】 ●予想と比較しながら、記録をもとにグループで話し合い、チョウの育ち方を考える。

◆第２次　チョウの体のつくり　（1 時間）

おもな学習活動	中心となるアクティブ・ラーニングの視点
⑥ チョウの体のつくり（1 時間） ● チョウの体のつくりを調べる。	【観察・実験】 ●虫眼鏡や標本、模型、図鑑を教室に常設しておき、日頃から観察する。

◆第３次　トンボやバッタの育ち方　（2 時間）

おもな学習活動	中心となるアクティブ・ラーニングの視点
⑦⑧ トンボやバッタの育ち方（2 時間） ● トンボやバッタの育つ順序を話し合い、予想する。	【予想・仮説】 ●チョウの育ち方と比較し、差異点や共通点について予想し、グループや全体で話し合う。 ⇒活動事例❷
● トンボやバッタの飼い方を知り、トンボやバッタの育ち方を調べる。	【計画】 ●トンボやバッタを見た状況を想起し、どのように調べたり飼育したりすればよいか、グループで話し合う。

◆第４次　トンボやバッタの体のつくり　（2 時間）

おもな学習活動	中心となるアクティブ・ラーニングの視点
⑨⑩ トンボやバッタの体のつくり（2 時間） ● トンボやバッタの育ち方を調べる。	【考察】 ●チョウの体のつくりと比較し、差異点や共通点を調べ、昆虫の体のつくりについて考え、全体で話し合う。

■ アクティブ・ラーニングの実際例 ■

活動事例❶　観察・実験をする場面（3時間目／全10時間）

1. 児童一人ひとりが幼虫を観察し、記録する。
2. 気づいたことを発表し合う。
3. 気づいたことをもとに、幼虫の体のつくりや生態、今後の成長について予想を全体で話し合う。

ここがポイント

児童が気づいたことを黒板にウェビングマップを使ってまとめていきます。「キャベツ」「食べ物」「みどり色」「きゅうばんみたいな足」などを関連づけることで、幼虫が生きていくために必要な食べ物や身の安全について、気づかせるような話し合いができるようにしましょう。

活動事例❷　予想・仮説を立てる場面（7時間目／全10時間）

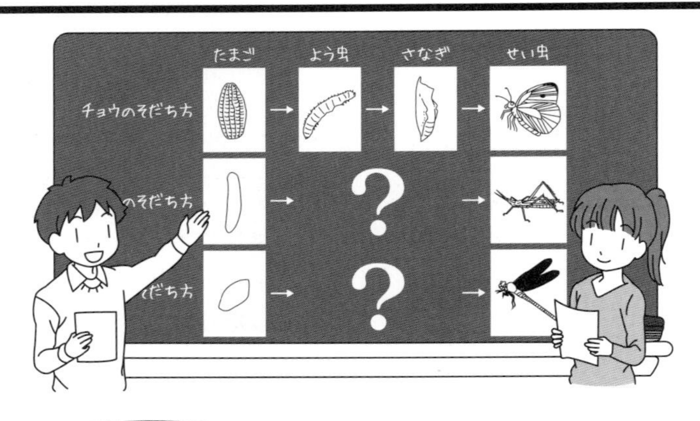

1. 児童一人ひとりがトンボやバッタの育つ順序について予想する。
2. グループで話し合った結果を全体に発表する。
3. 全体で結果を整理し、調べ方や飼育方法について考える。

ここがポイント

チョウなどを育てたこれまでの飼育経験をもとに、育つ順序について予想を立てるようにしましょう。その際、写真や図で育ち方を示し、予想が立てやすいように板書を工夫しましょう。

3年B（2）

しぜんのかんさつをしよう

（全５時間）

■ 何を学ぶか（単元のねらい）■

- 身の回りの生物の様子について興味・関心をもって追究する。
- 身の回りの生物の様子を比較する能力を育て、身の回りの生物の様子について理解する。
- 生物を愛護する態度を育て、身の回りの生物の様子についての見方や考え方をもてるようにする。

■ 何ができるようになるか（評価の観点）■

① 自然事象に関する知識・技能

- 身の回りの生物の様子について諸感覚で確認したり、虫眼鏡や携帯型の顕微鏡などの器具を適切に使ったりしながら観察できる。
- 身の回りの生物の様子を観察し、その過程や結果を記録できる。
- 生物は、色、形、大きさなどの姿が違うことを理解できる。

② 科学的な思考力・判断力・表現力

- 身の回りの生物の様子を比較して、差異点や共通点について予想や仮設をもち、表現できる。
- 身の回りの生物の様子を比較して、差異点や共通点を考察し、自分の考えを表現できる。

③ 自然事象に対する主体的な学習態度

- 身の回りの生物の様子に興味・関心をもち、進んで生物を調べることができる。
- 身の回りの生物に愛情をもって関わったり、生態系の維持に配慮したりすることができる。

■ どのように学ぶか（アクティブ・ラーニングの要点）■

- 個々の児童が、身の回りの昆虫や植物に興味・関心をもち、主体的な活動を行う。
- 安全に活動するために、虫眼鏡や携帯型の顕微鏡の適切な使用方法を習得する。
- 情報共有する際に、情報を補い合えるように友達と協力したり話し合ったりして、生物の様子を観察する。
- 結果をグループや全体で話し合い、生物の様子についての共通の認識をもつ。

■指導計画（全５時間）■

おもな学習活動	中心となるアクティブ・ラーニングの視点
◆第１次　生き物の姿	**（５時間）**
①　身の回りの生き物（１時間） ●　見たことがある身の回りの生き物や生き物の姿について話し合う。	**【問題の発見】** ●身の回りにいる生き物を想起し、生き物に興味・関心をもち、学ぶ問題を発見する。 **⇒活動事例❶**
②　生き物の観察計画（１時間） ●　生き物の姿の調べ方や虫眼鏡や携帯型の顕微鏡などの適切な使い方を知る。	**【計画】** ●どこを探せば昆虫などの動物や植物を見つけられるか全体で話し合う。 ●虫眼鏡や携帯型の顕微鏡の適切な使い方を知り、安全に観察する。
③④⑤　生き物の姿（３時間） ●　生き物の姿を調べる。	**【観察・実験】** ●興味や関心のある昆虫などの動物や植物を探す。 ●姿や形を観察カードに記録する。記録が難しい生き物については、デジタルカメラなどを活用する。
●　観察カードを整理して、見つけた生き物の姿を比較しながら話し合い、生き物の姿についてまとめる。	**【考察】** ●児童どうしが観察した記録をもとに、生き物の姿や大きさ、形、色についての差異点を意識し、全体で話し合う。 **⇒活動事例❷**

■ アクティブ・ラーニングの実際例 ■

活動事例❶　学習問題を見いだす場面（１時間目／全５時間）

1. 春になってから見つけた身の回りの生き物について全体で話し合う。
2. 自分が探してみたい生き物を発表し合い、観察への意欲を高める。
3. 観察後に紹介し合うためのポイント（色、形、大きさ、姿、どこにいたか）を確かめる。

ここがポイント

小学校に入って初めての理科の学習です。児童のわくわくした気持ちを満たし、さらに理科のおもしろさに気づかせる展開へとつなげましょう。そこで、本時では生き物を規定せず、安全な範囲で自由に観察できることを伝えておくことが大切です。

活動事例❷　考察をする場面（４時間目／全５時間）

1. 観察カードを黒板に掲示する。
2. 全体で話し合いながら、観察カードを分類する（植物とそれ以外など。）
3. 共通点や差異点から、色や形、大きさ、姿について全体で話し合う。

ここがポイント

分類をするときは、児童なりの根拠があるはずです。表現力が十分ではない場合には、指導者が補いながら児童自身の考えを表現させましょう。

3年B（2）

動物のすみかをしらべよう

（全５時間）

■ 何を学ぶか（単元のねらい）■

- 身の回りの生物の様子やその周辺の環境について興味・関心をもって追究する。
- 身の回りの生物の様子やその周辺の環境との関わりを比較する能力を育て、それらについて理解する。
- 生物を愛護する態度を育て、身の回りの生物の様子やその周辺の環境との関係についての見方や考え方をもてるようにする。

■ 何ができるようになるか（評価の観点）■

①　自然事象に関する知識・技能

- 身の回りの生物の様子やその周辺の環境との関わりについて諸感覚で確認したり、虫眼鏡や携帯型の顕微鏡などの器具を適切に使ったりしながら観察できる。
- 身の回りの生物の様子やその周辺の環境を観察し、その過程や結果を記録できる。
- 生物は、色、形、大きさなどの姿が違うことを理解できる。
- 生物は、その周辺の環境と関わって生きていることを理解できる。

②　科学的な思考力・判断力・表現力

- 身の回りの生物の様子やその周辺の環境との関わりを比較して、差異点や共通点について予想や仮説をもち、表現できる。
- 身の回りの生物の様子やその周辺の環境との関わりを比較して、差異点や共通点を考察し、自分の考えを表現できる。

③　自然事象に対する主体的な学習態度

- 身の回りの生物の様子やその周辺の環境に興味・関心をもち、進んで生物とその周辺の環境との関係を調べることができる。
- 身の回りの生物に愛情をもって関わったり、生態系の維持に配慮しようとすることができる。

■ どのように学ぶか（アクティブ・ラーニングの要点）■

- 個々の児童が、それぞれの経験から身の回りの生物と環境についての関わりを考える主体的な活動を行う。
- 友達と対話したり調べ合ったりしながら学びを深め、生物は、その周辺の環境と関わって生きていることをとらえる。
- 友達と協力したり話し合ったりして観察をし、見つけた結果の差異点や共通点を比較するなかから、生物がその周辺の環境と関わって生きていることをとらえる。
- 結果をグループや全体で共有する活動を行う。

■ 指導計画（全５時間）■

おもな学習活動	中心となるアクティブ・ラーニングの視点
◆第１次　動物のすみか　（５時間）	
①　動物のいる場所と様子（１時間） ●　校庭や公園にはどのような昆虫などの動物がいたか、昆虫などの動物はどこで何をしていたかを話し合う。	**【問題の発見】** ●４月に観察した昆虫などの身の回りの生き物や、その後の様子を想起させ、全体でどのような場所で生き物を見つけたかを整理し、学ぶ問題を発見する。
②③　身の回りの生き物とすみか（２時間） ●　昆虫などの動物は、どのような場所で何をしているか、予想する。 ●　昆虫などの動物のいる場所と動物の様子を観察する。	**【予想・仮説】** ●見つけた生き物の場所から、そのときに生き物が何をしていたのかを予想し、ワークシートやノートに図や言葉で表現し、グループや全体で発表する。 **⇒活動事例❶** **【観察・実験】** ●自分の予想を確かめるために、昆虫などの動物がいそうな場所を探し、場所とそのときの様子を観察カードに記録する。 ●昆虫など、動きの速いものや周りの環境と一緒に記録するために、デジタルカメラなどを使用する。
④⑤　身の回りの生き物と環境の関わり（２時間） ●　観察カードを整理して、動物のいる場所と動物の様子についてきまりがあるか考える。	**【考察】** ●グループや全体で友達の記録結果と比べながら、比較・分類させることを通して、身の回りの動物と環境との関わりについて全体で話し合う。 **⇒活動事例❷**

■ アクティブ・ラーニングの実際例 ■

活動事例❶　予想・仮説を立てる場面（2時間目／全５時間）

1. 身の回りで見つけた昆虫などの動物がどこにいたのかを全体で発表し合う。
2. 見つけた昆虫などの動物が、なぜそこにいたのかを考え、ワークシートに記入する。
3. 記入したワークシートをもとに、次時でどこを見に行けばよいのか観察の視点について話し合う。

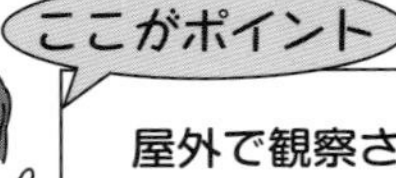

屋外で観察させるときも､児童が目的意識をもつことが大切です。「何のためにそこに行くのか」を児童一人ひとりが説明できるように支援しましょう。

活動事例❷　考察をする場面（5時間目／全５時間）

1. どのような動物がどこで何をしていたかについて、全体で話し合う。
2. 動物のいる場所と動物の様子の関係についてグループで話し合う。
3. グループで話し合ったことを発表し合い、きまりがあるのか、あるとしたらどのようなきまりかを全体で話し合う。

ここがポイント

きまりを見つけるためには、比較・分類することが必要です。ここでは児童が考えをもちやすくするために、カードを容易に移動できるようにしておくとよいでしょう。

3年B （3）

太陽のうごきと地面のようすをしらべよう

（全10時間）

■ 何を学ぶか（単元のねらい）■

- 太陽と地面の様子について興味・関心をもって追究する。
- 日陰の位置の変化と太陽の動きとを関係づけたり、日なたと日陰の地面の様子の違いを比較したりする能力を育て、それらについての理解を図る。
- 太陽と地面の様子との関係についての見方や考え方をもてるようにする。

■ 何ができるようになるか（評価の観点）■

①　自然事象に関する知識・技能

- 温度計や遮光板、方位磁針を適切に使って、日陰の位置の変化と、日なたと日陰の地面の様子や太陽の動きを安全に観察できる。
- 日なたと日陰の地面の様子や太陽の動きを調べ、その過程や結果を記録できる。
- 日陰は太陽の光を遮るとでき、日陰の位置は太陽の動きによって変わることを理解できる。
- 地面は太陽によって暖められ、日なたと日陰では地面の暖かさや湿り気に違いがあることを理解できる。

②　科学的な思考力・判断力・表現力

- 日陰の位置の変化や日なたと日陰の地面の様子、日陰の位置の変化と太陽の動きを比較して、それらについて予想や仮説をもち、表現できる。
- 日陰の位置の変化や日なたと日陰の地面の様子を比較して、それらを考察し、自分の考えを表現できる。

③　自然事象に対する主体的な学習態度

- 日陰の位置の変化や日なたと日陰の地面の様子の違いに興味・関心をもち、進んで太陽と地面の様子との関係を調べることができる。
- 見いだした太陽と地面との関係で、日常の現象を見直そうとすることができる。

■ どのように学ぶか（アクティブ・ラーニングの要点）■

- 個々の児童が、方位磁針をいろいろな方向に向けると方位磁針が動くことを見つけたり、その動きには一定のきまりがあることを見つけたりする。
- 太陽が東から南、西へと動いていくことを影を見つけたり、影で遊んだり、影をつくったりする体験を通して、学ぶ。そして、体験したことをグループや全体で話し合う。

■ 指導計画（全 10 時間）■

おもな学習活動	中心となるアクティブ・ラーニングの視点

◆第 1 次　影のでき方と太陽の動き　（5 時間）

①　影のでき方（1 時間）

● 影のできる向きにはきまりがあることを、遊びを通して体験をする。

②　影の向きと太陽の見える方向（1 時間）

● 影の向きと太陽の見える方向との関係から、影のでき方について調べる。

③　影の向きと太陽の動き（1 時間）

● 時刻を変えて、影の向きを調べる。

④⑤　太陽の動き（2 時間）

● 方位磁針の使い方を知り、観察の計画を立てる。

● 1 日の太陽の動き方を調べる。

【問題の発見】

●影踏み遊びを経験させ、影の向きに注目させながら、気づいたことを整理・分類する活動を通して、学ぶ問題を発見する。

【予想・仮説】

●これまでの経験をもとに、影の向きと太陽の見える方向について何かきまりがあるのか予想をして、図や言葉で表現する。

【観察・実験】

●影の向きは時間がたつと変化すること、太陽の位置と関係があることをグループで協力して調べる。

【計画】

●方位磁針の使い方を知り、太陽の動きについて方位磁針を使って調べる方法をグループなどで話し合い、観察の計画を立てる。

⇒活動事例❶

【考察】

●方位磁針を使って方位を観察し、その結果から太陽の動きを導き出す。

⇒活動事例❷

おもな学習活動	中心となるアクティブ・ラーニングの視点

◆第２次　日なたと日陰の地面の様子　（5時間）

⑥　日なたと日陰の地面の様子（１時間）

●　日なたと日陰の地面の様子にどのような違いがあるか話し合い、日なたと日陰の地面の様子を調べる。

【問題の発見】

●日なたと日陰について確認をした後、日なたと日陰の地面の様子について興味・関心をもって調べ、気づいたことを分類・整理し、学ぶ問題を発見する。

⑦⑧⑨⑩　日なたと日陰の地面の温度（４時間）

●　温度計の使い方と地面の温度のはかり方を知る。

●　日なたと日陰の地面の温度はどのくらい違うか、地面の温度は時間がたつとどうなるか、調べる。

【計画】

●日なたと日陰の地面の温度の違いについて温度計を使って調べる方法をグループ等で話し合い、観察の計画を立てる。

●　日なたと日陰の地面の温度の違いを考える。

【考察】

●地面の温度が日なたと日陰で違うことは、太陽が関係していることを実験結果から説明する。

■ アクティブ・ラーニングの実際例 ■

活動事例❶　計画をする場面（4時間目／全10時間）

1. 方位磁針はどんなときに使うものなのか、どこで使われているのか知っていることを全体で話し合う。
2. 方位磁針を実際に使って方位磁針がどんなものかを体験し、気づいたことを話し合う。
3. 方位磁針の使い方を知り、太陽の動きの調べ方について話し合う。

ここがポイント

児童は、身近で方位磁針を使っている場面を体験したことが少ないので、方位磁針がどんなものかを知ることを通して方位磁針に慣れることが大切です。教室の中や屋外などいろいろな場所で、方位磁針を使って方位磁針の機能を見つける活動を十分に行う体験を通して、調べたい問題を発見できるような主体的・協働的な活動ができるようにしましょう。

活動事例❷　考察をする場面（5時間目／全10時間）

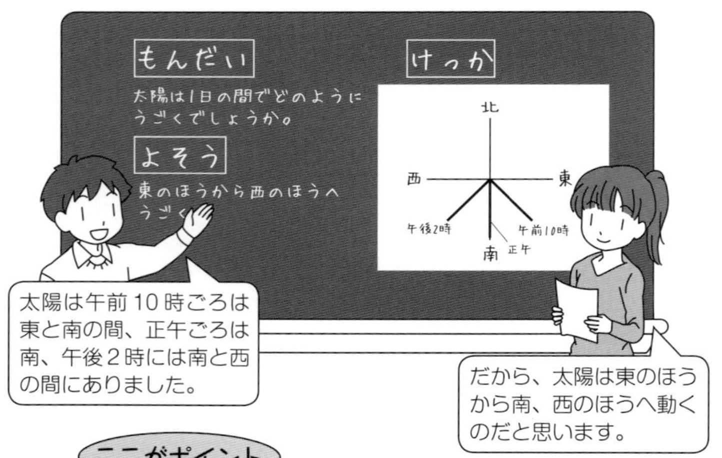

1. 児童一人ひとりが観察の結果から、どのようなことがいえるかノートに書く。
2. 自分の考えをもとに、グループで話し合って考えをホワイトボードなどにまとめる。
3. グループで話し合った結果を全体に発表し、情報交換を行い、整理して結論を導く。

ここがポイント

考察をする場面では、自分が予想したことをもとに実験した結果を、全体やグループなどで話し合い、結果を整理・分析して結論を導き出すようにしましょう。

4年A　(1)
とじこめた空気や水

（全５時間）

■ 何を学ぶか（単元のねらい）■

- 空気及び水の性質について興味・関心をもって追究する。
- 空気及び水の体積の変化や圧し返す力とそれらの性質とを関係づける能力を育て、それらについて理解する。
- 空気及び水の性質についての見方や考え方をもてるようにする。

■ 何ができるようになるか（評価の観点）■

①　自然事象に関する知識・技能

- 容器を使って空気や水の力の変化を調べる実験やものづくりができる。
- 空気や水による現象の変化を調べ、その過程や結果を記録できる。
- 閉じ込めた空気を圧すと、体積は小さくなるが、圧し返す力は大きくなることを理解できる。
- 閉じ込めた空気は圧し縮められるが、水は圧し縮められないことを理解できる。

②　科学的な思考力・判断力・表現力

- 閉じ込めた空気や水の体積や圧し返す力の変化によって起こる現象とそれぞれの性質を関係づけて、それらについて予想や仮説をもち、表現できる。
- 閉じ込めた空気や水の体積や圧し返す力の変化によって起こる現象とそれぞれの性質を関係づけて考察し、自分の考えを表現できる。

③　自然事象に対する主体的な学習態度

- 閉じ込めた空気や水に力を加えたときの現象に興味・関心をもち、進んで空気と水の性質を調べることができる。
- 空気と水の性質を使ってものづくりをしたり、その性質を利用したものを見つけたりすることができる。

■ どのように学ぶか（アクティブ・ラーニングの要点）■

- 見えないものを可視化した表現を友達と発表し合って、自分の考えと友達の考えを比較しながら空気や水の性質について考える。
- 友達と協力し合ったり話し合ったりして、空気と水の性質の差異点や共通点をとらえる。
- 結果についてグループや全体で話し合う活動を取り入れることで、空気や水の性質について見方や考え方を深める。

■ 指導計画（全５時間）■

おもな学習活動	中心となるアクティブ・ラーニングの視点

◆第１次　閉じ込めた空気　（２時間）

①　袋に閉じ込めた空気（１時間）

● 空気を閉じ込めた袋を圧して、空気がどうなるか、手ごたえなどをもとに話し合う。

【問題の発見】
●袋の上に乗ったり、袋を圧し縮めたりする活動を行い、空気の性質に興味・関心をもち、気づいたことや疑問に思ったことを全体で話し合い、学ぶ問題を発見する。

②　閉じ込めた空気（１時間）

● 力を加えると、筒の中の空気の体積が変わるか調べる。

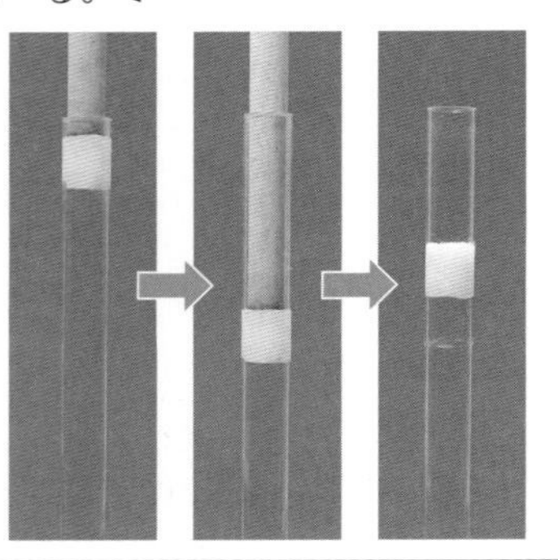

【考察】
●力を加えると圧し縮められる結果から、筒の中の様子を図や言葉で表現し、全体で話し合う。
⇒活動事例❶

◆第２次　閉じ込めた水　（３時間）

③　閉じ込めた水（１時間）

● 力を加えて、筒の中の水の体積が変わるか調べる。

【予想・仮説】
●空気の性質と比べながら筒の中の様子を予想したことを図や言葉で表現し、全体で話し合う。
⇒活動事例❷

④⑤　ものづくり（２時間）

● 空気や水の性質を活用し、工夫したおもちゃを考えて設計図を描き、おもちゃを作る。
● 作ったおもちゃで遊んだり、友達に紹介したりする。

【計画】
●空気や水の性質を利用したおもちゃについてグループなどで話し合い、設計図を描く。

【考察】
●空気や水のどのような性質を利用したおもちゃであるか、友達に説明する。

■ アクティブ・ラーニングの実際例 ■

活動事例❶　考察をする場面（２時間目／全５時間）

1. 児童一人ひとりが実験の結果から筒の中の空気の様子を考察し、筒の中の様子を図や言葉で表す。
2. グループで自分の描いたイメージ図をもとに考えを出し合い、ホワイトボードなどにまとめる。
3. ホワイトボードなどにまとめたものをもとに全体で話し合う。

ここがポイント

目に見えない空気を可視化することで、理解を深めましょう。また、友達と表現を伝え合うことで、自分の意見を他の意見と比較しながら考え、様々な表現方法を学ぶことができます。表現の仕方は異なっていても、「体積が小さくなるほど、元に戻ろうとして手ごたえが大きくなる」という点を全体で共有できるようにしましょう。

活動事例❷　予想・仮説をする場面（３時間目／全５時間）

1. 空気の性質を思い出しながら、個人で閉じ込めた水の性質の予想をする。
2. 自分の考えたイメージ図をもとにグループで話し合って考えをまとめる。
3. グループで話し合った予想を発表する。

ここがポイント

前時で学習した空気の性質と比べながら考えさせることで、物の性質を比較しながら考える力を育てましょう。空気の性質と同じように表現した図をもとに交流することで、自分の考えを明確なものにしましょう。

4年A　(2)
ものの温度と体積

（全７時間）

■ 何を学ぶか（単元のねらい）■

- 金属、水及び空気の性質について興味・関心をもって追究する。
- 温度の変化と金属、水及び空気の体積の変化とを関係づける能力を育て、それらについて理解する。
- 金属、水及び空気の性質についての見方や考え方をもてるようにする。

■ 何ができるようになるか（評価の観点）■

①　自然事象に関する知識・技能

- 加熱器具などを安全に操作し、金属、水及び空気の体積変化を調べる実験ができる。
- 金属、水及び空気の体積変化の様子を調べ、その過程や結果を記録できる。
- 金属、水及び空気は、温めたり冷やしたりすると、その体積が変わることを理解できる。

②　科学的な思考力・判断力・表現力

- 金属、水及び空気の体積変化の様子と温度を関係づけて、それらについて予想や仮説をもち、表現できる。
- 金属、水及び空気の体積変化の様子と温度を関係づけて考察し、自分の考えを表現できる。

③　自然事象に対する主体的な学習態度

- 金属、水及び空気を温めたり冷やしたりしたときの現象に興味・関心をもち、進んで金属、水及び空気の性質を調べることができる。

■ どのように学ぶか（アクティブ・ラーニングの要点）■

- 児童一人ひとりが、自分の考えを図や言葉で表現したものをもとに、グループで話し合ったり調べ合ったりしながら学びを深め、金属、水及び空気は、温めたり冷やしたりすると、その体積が変わることをとらえる。
- 児童が主体的・協働的な活動をするために、少人数で実験を行う。
- 実験結果からいえることをグループで話し合い、図や言葉にして具体的に説明する。

■ 指導計画（全７時間）■

おもな学習活動	中心となるアクティブ・ラーニングの視点

◆第１次　空気の温度と体積　（３時間）

①　温められた空気（１時間）

● ペットボトルの口に栓をし、石けん水の膜をつけて湯の中に入れ、その結果について話し合う。

【問題の発見】
●空気を温めたときの現象に興味・関心をもち、このような現象が起こる原因を図や言葉で表現し、全体で分類・整理し、学ぶ問題を発見する。
⇒活動事例❶

②③　空気の温度と体積の変化（２時間）

● 温度が変わると、試験管の中の空気の体積が変わるか調べる。

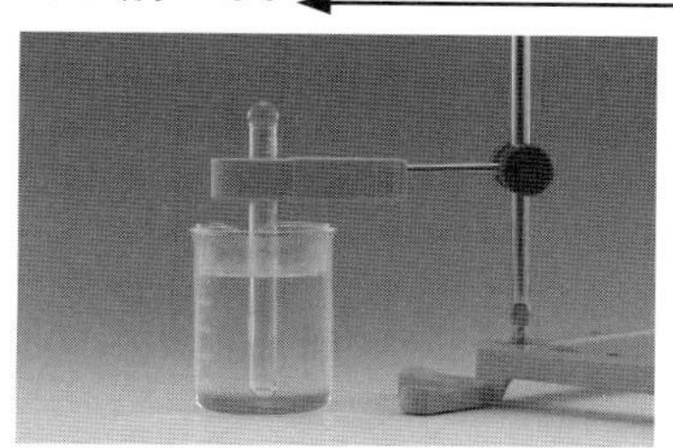

【観察・実験】
●試験管の中の空気の体積が変化する様子を温度と関係づけて図や言葉で記録する。

【考察】
●予想と結果から考えられることを全体で話し合う。

◆第２次　水の温度と体積　（２時間）

④⑤　水の温度と体積の変化（２時間）

● 温度が変わると、試験管の中の水の体積が変わるか調べる。

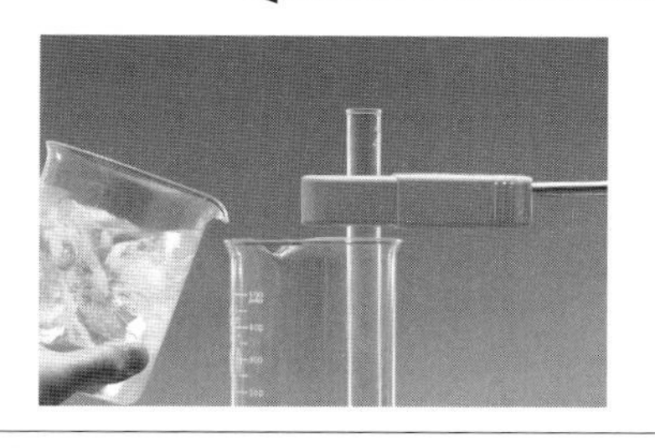

【予想・仮説】
●空気の体積の変わり方やこれまでに学習してきたことを想起させ、図や言葉で表現する。

【考察】
●温度が変わると試験管の中の水の体積が変化する様子と、前時の空気の体積変化の様子を比較しながら全体で話し合う。
⇒活動事例❷

◆第３次　金属の温度と体積　（２時間）

⑥⑦　金属の温度と体積の変化（２時間）

● 温度が変わると、金属の玉の体積が変わるか調べる。

【予想・仮説】
●空気や水の体積の変わり方などを想起し、図や言葉で表現する。

【考察】
●温度が変わると金属の玉の体積が変化する様子を、空気や水の体積の変わり方と比較しながら全体で話し合う。

■ アクティブ・ラーニングの実際例 ■

活動事例❶　学習問題を見いだす場面（１時間目／全７時間）

1. ペットボトルの口に栓をしたり、石けん水の膜をつけたりして湯の中に入れたときの様子を調べる。
2. 活動を通した気づきを話し合い、全体で共有する。
3. 気づいたことをもとに、ペットボトルの中の空気の様子を図や言葉で表現する。
4. 全体で分類・整理して、学習問題を設定する。

ここがポイント

ペットボトルの中の変化を図や言葉で表現することで、具体的なイメージをもてるようにします。温められた空気が上昇するという考えや手の力で中の空気が押し出されたという考えについては、ペットボトルの口を下向きにしても栓が飛んだことや手の力で形が変わらない容器で調べる必要があることなど調べ方についても話し合い、問題を設定できるとよいでしょう。

活動事例❷　考察をする場面（５時間目／全７時間）

1. 児童一人ひとりが実験の結果から、どのようなことがいえるか考える。
2. グループで話し合って考えをまとめる。
3. グループで話し合った結果を発表し、全体で話し合う。

ここがポイント

考察をする場面では、自分がもった予想をもとに実験した結果を、グループや全体などで話し合い、結果を整理し分析して結論を導き出すようにします。水面のふくらみ方と石けん水の膜のふくらみ方の違いから、水と空気の体積の増え方の違いを考えるようにしましょう。

4年A (2)
もののあたたまり方

（全７時間）

■ 何を学ぶか（単元のねらい）■

- 金属、水及び空気の性質について興味・関心をもって追究する。
- 温度の変化と金属、水及び空気の温まり方とを関係づける能力を育て、それらについて理解する。
- 金属、水及び空気の性質についての見方や考え方をもてるようにする。

■ 何ができるようになるか（評価の観点）■

① 自然事象に関する知識・技能

- 加熱器具などを安全に操作し、金属、水及び空気の温まり方の特徴を調べる実験やものづくりができる。
- 金属、水及び空気の温まり方の特徴を調べ、その過程や結果を記録できる。
- 金属は熱せられた部分から順に温まるが、水や空気は熱せられた部分が移動して全体が温まることを理解できる。

② 科学的な思考力・判断力・表現力

- 金属、水及び空気の温まり方と温度変化を関係づけて、それらについて予想や仮説をもち、表現できる。
- 金属、水及び空気の温まり方と温度変化を関係づけて考察し、自分の考えを表現できる。

③ 自然事象に対する主体的な学習態度

- 金属、水及び空気を温めたり冷やしたりしたときの現象に興味・関心をもち、進んでそれらの性質を調べることができる。
- 物の温まり方の特徴を適用し、身の回りの現象を見直すことができる。

■ どのように学ぶか（アクティブ・ラーニングの要点）■

- 生活の中でいろいろなものを温めた経験を話す際には、それぞれの児童が知っている物を温めるときのコツや注意点を情報交換し、友達と違っていることやはじめて知ったことをもとに調べてみたいという意欲を高める。
- 金属、水、空気の温まり方について、「共通していえることは何か」「それが生活でどのように生かされているか」についても話し合うことで、物の温まり方に対する見方・考え方を深める。

■指導計画（全７時間）■

おもな学習活動	中心となるアクティブ・ラーニングの視点

◆第１次　金属の温まり方　（３時間）

①　物の温まり方（１時間）

● 生活の中で、いろいろな物を温めた経験について話し合う。

【問題の発見】
●フライパンで目玉焼きを作ったり暖房で部屋を温めたりするなど、生活の中で物を温めるときのコツや注意点を話し合い、友達と違っていることやはじめて知ったことをもとに、学ぶ問題を発見する。

②③　金属の温まり方（２時間）

● ろうがとける様子で、金属の温まり方を調べ、まとめる。

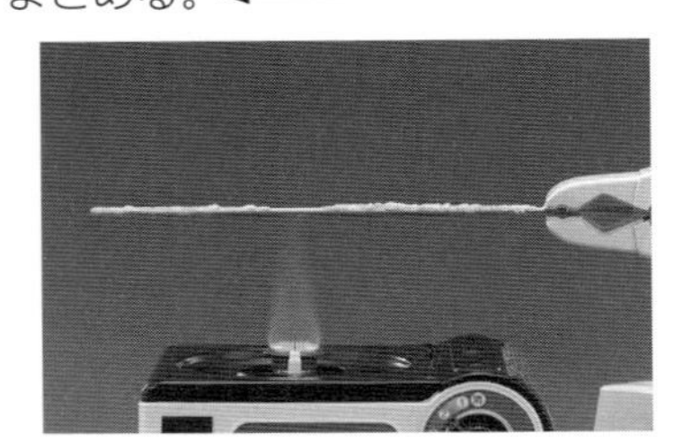

【考察】
●金属を温めた実験結果や考察をウェビングマップに書く。また、水や空気の温まり方についても同じウェビングマップに書き、共通点をつなぐことで、物の温まり方に対する考えを深める。
⇒活動事例❶

◆第２次　水と空気の温まり方　（４時間）

④⑤　水の温まり方（２時間）

● 示温テープや削り節を使って、水の温まり方を調べ、まとめる。

【計画】
●水の温まり方を調べるために、示温テープと削り節を使った２つの実験を行う。児童の予想と実験結果にずれが出やすい示温テープを使った実験から調べることで、温められた水の動きに興味・関心をもち、水の動きを見るための実験計画を立てる。
⇒活動事例❷

⑥⑦　空気の温まり方（２時間）

● 線香の煙を使って、空気の温まり方を調べる。

【予想・仮説】
●暖房を使って部屋を温めた経験をもとに、空気がどのように温まるか図や言葉で予想する。

■ アクティブ・ラーニングの実際例 ■

活動事例❶　考察をする場面（２・３時間目／全７時間）

1. ろうのついた金属の棒や板を熱して、ろうのとける様子を調べる。
2. 実験結果や考えたことをウェビングマップに表す。
3. 友達とお互いの考えを発表し合い、自分の考えを深める。

ここがポイント

自分の考えをグループから全体へと発表し合う場を設定します。そうすることで、情報交換が活発に行われ、多様な考えを知ることができたり自分の考えを見直したりすることができるようにします。また、金属の温まり方で描いたウェビングマップと水、空気の温まり方のものと比較することで、それぞれの実験を関連づけさせ、物の温まり方に対する考えを深められるようにしましょう。

活動事例❷　計画する場面（４時間目／全７時間）

1. 水の温まり方を示温テープを使った実験で調べる。
2. 示温テープの色が上から変わった原因を話し合う。
3. 水の動きを調べるための方法をグループで計画する。
4. 削り節を使った実験で水の温まり方を調べる。

ここがポイント

水の温まり方を調べるため、児童の予想と実験結果のずれが出やすい示温テープを使った実験を先に行います。そして、示温テープではわかりにくかった水の動きを見てみたいという意欲を高め、主体的な活動ができるようにしましょう。

4年A （2）

すがたをかえる水

（全７時間）

■ 何を学ぶか（単元のねらい）■

- 水の性質について興味・関心をもって追究する。
- 温度の変化と水の状態変化や体積の変化とを関係づける能力を育て、それらについて理解する。
- 水の性質についての見方や考え方をもてるようにする。

■ 何ができるようになるか（評価の観点）■

①　自然事象に関する知識・技能

- 水の状態変化を調べ、その過程や結果を記録できる。
- 水は、温度によって水蒸気や氷に変わることを理解できる。
- 水が氷になると体積が増えることを理解できる。

②　科学的な思考力・判断力・表現力

- 水蒸気や氷に姿を変える水の状態変化と温度を関係づけて、それらについて予想や仮説をもち、表現できる。
- 水蒸気や氷に姿を変える水の状態変化と温度を関係づけて考察し、自分の考えを表現できる。

③　自然事象に対する主体的な学習態度

- 水を温めたり冷やしたりしたときの現象に興味・関心をもち、進んでそれらの性質を調べることができる。

■ どのように学ぶか（アクティブ・ラーニングの要点）■

- 友達と協力しながら、水を温め続けたり冷やし続けたりしたときの水の温度変化や様子を観察し、その過程や結果を記録する。
- 友達と対話したり、調べたりしながら学びを深め、水が氷になると体積が増えることをとらえる。
- 水が沸騰しているときに出てくる泡の正体を調べる実験を通して、水が水蒸気になったり、水蒸気が水になったりする変化を温度と関係づけて考え、自分の考えを表現する。
- 結果についてグループや全体で話し合う活動を取り入れ、共有化を図る。

■指導計画（全７時間）■

おもな学習活動	中心となるアクティブ・ラーニングの視点

◆第１次　温めたときの水の様子　（4時間）

① 姿を変える水（1時間）

● 温めたり冷やしたりすると、水の姿はどのように変わるか、気づいたことを話し合う。

【問題の発見】

●生活の中で水を熱したり冷やしたりしたときの様子を話し合うことで、学ぶ問題を発見する。
⇒活動事例❶

② 水の沸騰（1時間）

● 水を熱したときの温度の変わり方と水の様子を調べる。

【観察・実験】

●実験の結果を表やグラフで表現し、水の温度の変化や様子を関係づけてとらえる。
⇒活動事例❷

③ 水の沸騰と水蒸気（1時間）

● 沸騰する水から出ている泡を調べる。

【予想・仮説】

●前時の実験での沸騰の様子や水が減っていたことなどを関係づけながら、予想する。

④ 水蒸気集め（1時間）

● 水蒸気を袋に集めて、温度が下がると水にもどるか調べる。

【考察】

●袋の中の気体の体積変化や袋の中の水滴などの様子から、袋に集められた気体は空気ではなく水蒸気で、冷やされると元の水に戻ることを図や言葉で説明する。

◆第２次　冷やしたときの水の様子　（2時間）

⑤⑥ 氷のできるようすと体積（2時間）

● 水を冷やしたときの温度の変わり方と水の様子を調べる。

【計画】

●水を熱したときの実験をもとに、時間の経過、水の温度変化や様子の変化などの調べる観点を明確にしながら、グループで話し合い、計画を立てる。

◆第３次　温度と水の姿　（1時間）

⑦ 温度と水の姿（1時間）

● 温度と関係づけながら、水の姿についてまとめる。

【考察】

●ここまでの学習を振り返りながら、水が温度によって、固体・液体・気体に変化することをもとに、友達の意見と自分の考えを比べる。

■アクティブ・ラーニングの実際例■

活動事例❶　学習問題を見いだす場面（１時間目／全７時間）

1. 温めたり冷やしたりすると、水の姿はどのように変わるか、気づいたことを話し合う。
2. 気づいたことをもとに、調べたいことをカードに書く。
3. 全体で調べたいことをKJ法で分類・整理して学習問題を設定する。

ここがポイント

児童にとって、水はとても身近な存在であり、水が沸騰する様子や冷やしたときに氷になる現象は、日常的に目にしています。しかし、水の状態変化を温度変化と関係づけて考えることはほとんどしていません。そこで、写真や映像、児童の共通体験をもとにした話し合いを通して、温度変化による水の状態変化に興味・関心をもたせ、調べたい問題を発見できるような主体的・協働的な活動ができるようにしましょう。

活動事例❷　観察・実験をする場面（２時間目／全７時間）

1. 温度を読む係、時間をはかる係、水の様子を書く係など分担し、グループで協力しながら実験を行う。
2. 折れ線グラフに表し、気づいたことなどを付箋に書き、グラフに貼る。
3. グループごとに結果を発表し、全体で共有化を図るようにする。

ここがポイント

観察・実験の場面では、温度と水の様子を関係づけながら観察できるように、グループで協働して行うようにします。記録した結果は折れ線グラフで表し、実験の結果をグループや全体で共有できるようにしましょう。

4年A （3）

電池のはたらき

（全９時間）

■ 何を学ぶか（単元のねらい）■

- 電気の働きについて興味・関心をもって追究する。
- 乾電池のつなぎ方や光電池に当てる光の強さと回路を流れる電流の強さ（大きさ）とを関係づける能力を育て、それらについて理解する。
- 電気の働きについての見方や考え方をもてるようにする。

■ 何ができるようになるか（評価の観点）■

①　自然事象に関する知識・技能

- 簡易検流計などを適切に操作し、乾電池と光電池の性質を調べる実験やものづくりができる。
- 豆電球の明るさやモーターの回り方の変化などを調べ、その過程や結果を記録できる。
- 乾電池の数やつなぎ方を変えると、豆電球の明るさやモーターの回り方が変わることを理解できる。
- 光電池を使ってモーターを回すことなどができることを理解できる。

②　科学的な思考力・判断力・表現力

- 乾電池や光電池に豆電球やモーターなどをつないだときの明るさや回り方を関係づけて、それらについて予想や仮説をもち、表現できる。
- 乾電池の数やつなぎ方、光電池に当てる光の強さを変えて、回路を流れる電流の強さ（大きさ）とその働きを関係づけて考察し、自分の考えを表現できる。

③　自然事象に対する主体的な学習態度

- 乾電池や光電池に豆電球やモーターなどをつないだときの明るさや回り方に興味･関心をもち、進んで電気の働きを調べることができる。
- 電気の働きを使ってものづくりをしたり、その働きを利用した物を見つけることができる。

■ どのように学ぶか（アクティブ・ラーニングの要点）■

- 全員がモーターを回す活動をすることを通して、同じように回路を作ってもモーターの回る向きが違うことに気づき、問題を発見する。
- 個々の児童が主体的に取り組めるように、一人ひとりが操作できる図を用意し、個→グループ→全体とみんなで学習する。
- 目では見えない電流の流れを図や言葉を用いて、自分なりに表現する。
- モーターの回る向きと電流の向きなど、結果とその要因を常に関係づけながら、自分の考えを表現する。

■指導計画（全９時間）■

おもな学習活動	中心となるアクティブ・ラーニングの視点
◆第１次　乾電池の働き（３時間）	
①　乾電池とモーター（１時間） ●　乾電池でモーター（扇風機）を回し、気づいたことを話し合う。	**【問題の発見】** ●乾電池でモーターを回せることやつなぎ方によって回る向きが異なることに気づき、学ぶ問題を発見する。
②　モーターの回る向き（１時間） ●　乾電池の向きを変えると、モーターの回る向きが変わるか調べる。	**【予想・仮説】** ●モーターの回る向きと乾電池の向きを関係づけて、図や言葉を使って考えを表現する。 **⇒活動事例❶**
③　電流の向き（１時間） ●　回路を流れる電流の向きを確かめる。	**【計画】** ●簡易検流計の必要性を話し合い、確かめる。
◆第２次　乾電池のつなぎ方（３時間）	
④⑤　乾電池のつなぎ方とモーターの回る速さや豆電球の明るさ（２時間） ●　モーターをもっと速く回したり、豆電球をもっと明るくしたりするにはどうすればよいか、予想する。また、２個の乾電池のつなぎ方を考える。	**【計画】** ●乾電池２個のつなぎ方を乾電池の図を使いながらグループで考え、全体に発表する。 **⇒活動事例❷**
●　乾電池のつなぎ方を変えると、モーターの回る速さや豆電球の明るさが変わるか調べる。	**【観察・実験】** ●ペアで予想と同じようにつなげているか確認を行い、実験する。
⑥　２個の乾電池をつないだときの電流の大きさ（１時間） ●　簡易検流計で、回路を流れる電流の大きさを調べる。	**【考察】** ●乾電池の数やつなぎ方を変えたときの電流の大きさとモーターや豆電球の様子を関係づけて考察する。
◆第３次　光電池の働き（３時間）	
⑦　光電池とモーター（１時間） ●　光電池に光を当てたときの電流の大きさを調べる。	**【予想・仮説】** ●光電池に当てる光の強さとモーターの回り方から、回路を流れる電流の大きさと関係づけて、自分の考えを表現する。
⑧⑨　電池で動くおもちゃ（２時間） ●　電気の働きを利用したおもちゃを考えて設計図を描き、おもちゃを作り、作ったおもちゃで遊んだり、友達に紹介したりする。	**【計画】** ●電気の働きを利用したおもちゃについてグループなどで話し合い、設計図を描く。

■アクティブ・ラーニングの実際例■

活動事例❶　予想・仮説を立てる場面（2時間目／全９時間）

1. 扇風機の羽根の回る様子が変わることから、どのようにモーターが動いているのかを予想し、図や言葉で描く。
2. 自分が考えた予想をグループで発表し、似ているところや違っているところを話し合う。
3. ICT機器などを活用して全体に発表する。

ここがポイント

電流の流れ方のイメージを本授業の中で解決することは難しいことです。ただし、向きが変わるということを考えると回るイメージのほうが説明しやすいです。個々のイメージを共有することで、次時に行う、見えない電流を定量的に測定できる簡易検流計の必要性にもつなげましょう。

活動事例❷　計画を立てる場面（４時間目／全９時間）

1. 乾電池の図を配り、自分でどのようなつなぎ方ができるか考える。
2. 考えたつなぎ方をグループの中で発表し合う。
3. グループで出てきたつなぎ方を全体に発表する。

ここがポイント

２個の電池のつなぎ方をたくさん出すために、乾電池の図をいくつも用意してつなぎ方に集中できるようにします。また、話し合いの中で乾電池の位置が違っても回路としては同じであるということに気づかせましょう。

4年B （1）
わたしたちの体と運動

（全７時間）

■ 何を学ぶか（単元のねらい）■

- 人や他の動物の骨や筋肉の動きについて興味・関心をもって追究する。
- 人や他の動物の体のつくりと運動とを関係づける能力を育て、それらについて理解する。
- 人の体のつくりと運動との関わりについての見方や考え方をもてるようにする。

■ 何ができるようになるか（評価の観点）■

①　自然事象に関する知識・技能

- 自分の体に直接触れたり、映像や模型などを活用したりして、人の体の骨や筋肉とその動きを観察できる。
- 人の体の骨や筋肉とその動きを調べ、その過程や結果を記録できる。
- 人の体には骨と筋肉があることを理解できる。
- 人が体を動かすことができるのは、骨、筋肉の働きによることを理解できる。

②　科学的な思考力・判断力・表現力

- 骨の位置や筋肉の存在、骨と筋肉の動きを関係づけて、それらについて予想や仮説をもち、表現できる。
- 骨の位置や筋肉の存在、骨と筋肉の動きを関係づけて考察し、自分の考えを表現できる。

③　自然事象に対する主体的な学習態度

- 骨や筋肉の動きに興味・関心をもち、進んで人や他の動物の体のつくりと運動との関わりを調べることができる。
- 人や他の動物の体のつくりと運動に生命のたくみさを感じ、観察することができる。

■ どのように学ぶか（アクティブ・ラーニングの要点）■

- 自分の体という身近なものについて、児童はあまり正確には知らない。そのずれを児童に意識させることで、調べてみたいという気持ちを高める。
- 自分の体を使ったり、学校の飼育動物を活用したりするなど、体験的な活動を工夫して取り入れる。
- 人や動物の体のつくりやしくみについて調べたことを自分なりに図や言葉などを使ってまとめたり、調べたことを友達と説明し合ったりする。
- 動物の体について調べたことやなぜそのような体なのか考えたことをまとめることで、その動物の体の特徴の意味を考える。

■ 指導計画（全７時間）■

おもな学習活動	中心となるアクティブ・ラーニングの視点

◆第１次　人の骨と筋肉　（４時間）

①　運動するときの体（１時間）

● これまでの経験から、腕を動かすしくみがどのようになっているか話し合う。

【問題の発見】
●物を持ち上げたり、腕相撲をしたりするなどの運動を行い、腕の動かし方によって、腕の様子の変化を実感させ、学ぶ問題を発見する。
⇒活動事例❶

②　腕の骨と筋肉（１時間）

● 腕の骨と筋肉がどこにあるか調べる。

【予想・仮説】
●腕の骨や筋肉がどこにあるのか予想するとき、自分の腕を触れながら予想する。

③　腕のしくみ（１時間）

● 腕が動くときの筋肉の様子を調べる。

【観察・実験】
●水を入れたペットボトルを持ち、腕を曲げたりのばしたりしながら、腕の内側と外側の筋肉を触り、筋肉のかたさやふくらみをペアで比較・観察し、お互いに話し合って表にまとめる。

④　人の体のつくりやしくみ（１時間）

● 体の骨や筋肉、関節を調べる。

【考察】
●前時に学習した腕を動かすしくみをもとに、腕以外の体の部分について調べ、わかったことを図や言葉を使って自分なりに表現したり、友達と説明し合ったりすることで理解を深める。

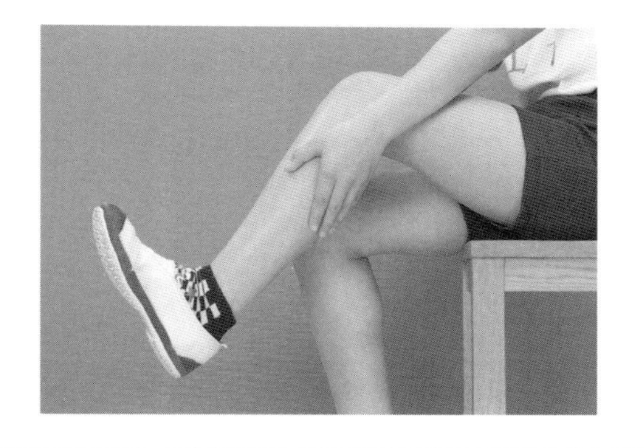

◆第２次　動物の骨と筋肉　（３時間）

⑤⑥⑦　動物の体のつくりやしくみ(３時間)

● 動物の骨や筋肉、関節を調べ、つくりやしくみについてまとめる。

【考察】
●調べた動物の体の特徴を描き、その理由をグループでお互いに伝え合い、自分の考えを深める。
⇒活動事例❷

■ アクティブ・ラーニングの実際例 ■

活動事例❶　学習問題を見いだす場面（1 時間目／全 7 時間）

1. 腕に力を入れたときの様子を観察し、腕に起きている変化について話し合う。
2. 実際に「物を持ち上げる・体を支える・腕相撲をする」など腕を動かして、気づいたことを付箋に書く。
3. 気づいたことの書かれた付箋を分類・整理して学習問題を設定する。

ここがポイント

力を入れているときと入れていないときを比較して、腕にどのような変化が起きているか意識させましょう。また、「物を持ち上げる・体を支える・腕相撲をする」などのいろいろな動きを行うことで、動き方によっても違いがあることをとらえさせます。これらの共通体験から気づいたことを付箋に書き、分類・整理することでクラスとしての問題にしましょう。

活動事例❷　考察をする場面（6 時間目／全 7 時間）

1. 調べた動物ならではの特徴をウェビングマップの中心付近にかく。
2. なぜそのような体の特徴があるのか、考えたことや調べてわかったことを関連づけながらウェビングマップに書き加える。
3. 同じ動物を調べた友達と発表し合い、新たに考えたことを書き加える。

ここがポイント

調べたことを一人でまとめるのではなく、同じ動物を調べた友達に発表し、質問をし合うなどして、ウェビングマップを更新させていきます。また、時間に余裕がある場合は、動物の種類ごとにチームを組ませ、クラスで発表会を行うといった活動も行うとより考えが深められます。

4年B（2）
季節と生き物

（全24時間）

■何を学ぶか（単元のねらい）■

- 季節ごとの動物の活動や植物の成長について興味・関心をもって追究する。
- 動物の活動や植物の成長を季節と関係づける能力を育て、それらについて理解する。
- 生物を愛護する態度を育て、動物の活動や植物の成長と環境との関わりについての見方や考え方をもてるようにする。

■何ができるようになるか（評価の観点）■

①　自然事象に関する知識・技能

- 動物や植物を探したり育てたりして、定期的に観察できる。
- 動物の活動や植物の成長の違いを調べ、その過程や結果を記録できる。
- 動物の活動は、暖かい季節、寒い季節などによって違いがあることを理解できる。
- 植物の成長は、暖かい季節、寒い季節などによって違いがあることを理解できる。

②　科学的な思考力・判断力・表現力

- 身近な動物の活動や植物の成長の変化と季節の気温の変化を比較して、それらについて予想や仮説をもち、表現できる。
- 身近な動物の活動や植物の成長の変化と季節の気温の変化を関係づけて考察し、自分の考えを表現できる。

③　自然事象に対する主体的な学習態度

- 身近な動物の活動や植物の成長に興味・関心をもち、進んでそれらの変化と季節との関わりを調べることができる。
- 身近な動物や植物に愛情をもって、探したり育てたり観察したりすることができる。

■どのように学ぶか（アクティブ・ラーニングの要点）■

- 個々の児童が、動物や植物を探したり育てたりして、定期的に観察する主体的な活動を行う。
- 友達と協力したり話し合ったりする活動を取り入れながら、身近な動物の活動や植物の成長の変化を観察する。
- 友達と対話しながら結果を見比べたりまとめたりしながら学びを深め、動物の活動や植物の成長の違いを、暖かい季節、寒い季節と関係づけながらとらえる。
- グループで得た結果や結論をクラスで発表し、情報を共有する。

■ 指導計画（全 24 時間）■

おもな学習活動	中心となるアクティブ・ラーニングの視点
◆第１次　季節と生き物（春）（7 時間）	
1　1 年間の観察（2 時間） **①　春の生き物の様子（1 時間）** ●　春の生き物の様子は、冬と比べてどのような違いがあるか話し合う。	**【問題の発見】** ●春の生き物の様子と冬の生き物の様子の写真を提示し、共通点や差異点を全体で話し合い、学ぶ問題を発見する。
②　1 年間の観察の計画（1 時間） ●　1 年間の観察の計画を立て、気温や水温のはかり方、記録の仕方やまとめ方を知る。	**【計画】** ●動物の活動や植物の成長と気温が関係しているという予想や仮説をもとに、観察の計画をグループごとに話し合う。 **⇒活動事例❶**
2　身近な動物、植物（5 時間） **③④　動物や植物の様子（2 時間）** ●　春の動物や植物の様子と気温を調べ、これからどのように変わっていくか予想する。	**【観察】** ●自分が興味・関心をもった動物の活動や様子、また、興味・関心をもった植物の様子を観察し、記録する。
⑤⑥⑦　植物の種まきと育つ様子（3 時間） ●　ツルレイシの種まきや成長する様子を調べる。	**【観察・実験】** ●ツルレイシの種や育て方を調べ、実際に世話をしながら観察を行う。
◆第２次　季節と生き物（夏）（5 時間）	
1　身近な動物、植物（5 時間） **⑧　夏の生き物の様子（1 時間）** ●　春と比べて、生き物の様子にどのような違いがあるのか話し合う。	**【予想・仮説】** ●グループごとに、春に調べた動物が活動する変化や植物が成長する変化を予想し、表現する。
⑨⑩⑪⑫　動物や植物の様子（4 時間） ●　夏の動物や植物の様子と気温を調べ、これからどのように変わっていくか予想する。	**【観察】** ●動物や植物の様子を観察し、春と比べて変わったと思われるところを話し合いながら記録する。 **⇒活動事例❷**
◆第３次　季節と生き物（夏の終わり）（2 時間）	
1　身近な動物、植物（2 時間） **⑬⑭　夏の終わりの生き物の様子（2 時間）** ●　夏と比べて、生き物の様子にどのような違いがあるか調べる。	**【考察】** ●気温と関係づけながら、これまでの結果から考えられることを全体で話し合い、今後の生き物の変化について見通しをもつ。

おもな学習活動	中心となるアクティブ・ラーニングの視点
◆第４次　季節と生き物（秋）	**（4 時間）**
1　身近な動物、植物（4 時間） **⑮　秋の生き物の様子（1 時間）** ●　夏の終わりと比べて、生き物の様子にどのような違いがあるのか話し合う。	**【予想・仮説】** ●グループごとに、調べる動物や植物が夏と比べてどのくらい活動したり、成長したりしているかを予想し、表現する。
⑯⑰⑱　動物や植物の様子（3 時間） ●　秋の動物や植物の様子と気温を調べ、これからどのように変わっていくか予想する。	**【考察】** ●これまでの観察カードをまとめたり並べたりしながら生き物の様子と気温を関係づけた考察の見通しをもつ。また、今後の生き物の変化について見通しをもつ。 **⇒活動事例❸**
◆第５次　季節と生き物（冬）	**（6 時間）**
1　身近な動物、植物（3 時間） **⑲冬の生き物の様子（1 時間）** ●　秋と比べて、生き物の様子にどのような違いがあるのか話し合う。	**【予想・仮説】** ●グループごとに、調べる動物や植物がどのくらい活動したり、成長したりしているかを予想し、表現する。
⑳㉑　動物や植物の様子（2 時間） ●　冬の動物や植物の様子と気温を調べ、これからどのように変わっていくか予想する。	**【観察】** ●動物の様子や植物の様子を観察し、秋と比べて変わったと思われるところを話し合いながら記録する。
2　1 年間を振り返って（3 時間） **㉒㉓㉔季節による生き物の変化（3 時間）** ●　季節による生き物の様子がどのように変わってきたかを考える。	**【考察】** ●季節を通して観察した観察カードをまとめたり並べたりしながら、生き物の様子と気温を関係づけた考察を行い、結論を導けるようにする。また、春に向けた生き物の変化について考える。
●　1 年間の動物の活動や植物の成長の様子と気温の変化を関係づけて発表する。	**【考察】** ●グループで調べた 1 年間の動物や植物の様子と気温の関係について、わかったことを発表する。 また、他の動物や植物の様子を発表し合い、自分の結果や結論と比べながら考えを深め、まとめを行う。 **⇒活動事例❹**

■アクティブ・ラーニングの実際例■

活動事例❶　計画を立てる場面（2時間目／全24時間）

1. 身の回りの自然を観察し、興味・関心をもった動物や植物をあげる。
2. 興味・関心をもった動物や植物の変化と季節との関わりについて既習事項や経験をもとに予想する。また、調べたい動物や植物ごとにグループをつくる。
3. 予想したことをもとに、調べる方法の見通し、具体的な観察計画を話し合う。

ここがポイント

児童が興味をもつ身近な動物や植物は異なります。そこで、同じ興味をもった児童どうしが集まり、予想したことを共有したり、調べるための方法を話し合ったりする活動を取り入れることで、問題意識が顕在化し、今後の活動がより主体的・協働的になります。

活動事例❷　観察・実験をする場面（9時間目／全24時間）

1. 決めた動物や植物の観察をグループで行う。
2. グループで気づいたことや疑問に思ったことを話し合いながら観察する。
3. 教室で結果を発表し、情報を共有する。
4. 季節ごとに同じグループで観察を行う。

ここがポイント

観察をする場面では、実物を見ながら自分が感じた気づきや新しい予想をグループなどで話し合い、結果や考察につながる記録が書けるようにしましょう。

■ アクティブ・ラーニングの実際例 ■

活動事例❸ 結果を関係づけて考える場面（18 時間目／全 24 時間）

1. これまでの観察カードを並べる。
2. グループで気づいたことを話し合う。
3. 気温と関係づけて、今後冬になると動物や植物はどのように変化するか話し合い、根拠をもった予想がもてるようにする。
4. まとめたカードを見せ合い、工夫した点などを共有する。

ここがポイント

これまでの結果を並べたり、まとめたりする活動を取り入れ、比較し、関係づけながら話し合い、相違点や傾向を一人ひとりが表現できるようにしましょう。

活動事例❹ 調べたことを発表する場面（24 時間目／全 24 時間）

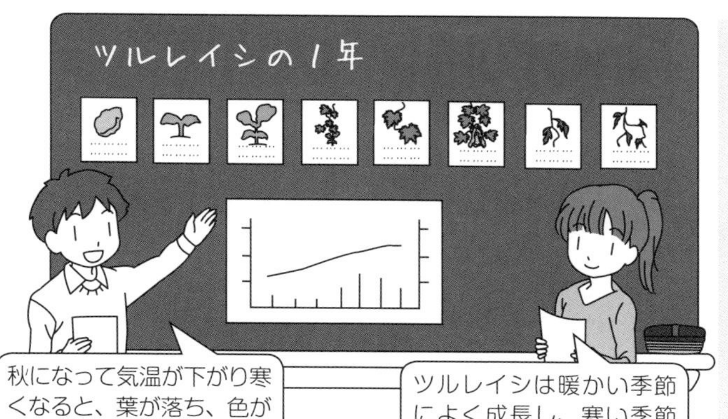

1. グループごとに季節を通して調べた観察カードからわかったことを、生き物の変化と気温とを関係づけながら発表できるよう準備する。
2. グループごとに発表する。
3. 自分の調べたことと結びつけながら友達の発表を聞き、動物の活動や植物の成長は暖かい季節、寒い季節によって違いがあることをとらえる。

ここがポイント

友達が調べた観察結果や考察と、自分が調べた観察結果や考察を比べながら聞く発表の場を設けることで、全体として生き物の季節による違いの結論を得ることができます。

4年B (3)

天気と気温

(全６時間)

■ 何を学ぶか(単元のねらい) ■

- 身近な天気の様子について興味・関心をもって追究する。
- 天気と気温の変化を関係づける能力を育て、それらについて理解する。
- 天気の様子についての見方や考え方をもてるようにする。

■ 何ができるようになるか(評価の観点) ■

① 自然事象に関する知識・技能

- いろいろな天気と１日の気温の変化の様子の関係を定点で観測できる。
- １日の気温の変化する様子を適切にはかり、その過程や結果を記録できる。
- 天気によって１日の気温の変化の仕方に違いがあることを理解できる。

② 科学的な思考力・判断力・表現力

- 天気と気温の変化を関係づけて、それらについて予想や仮説をもち、表現できる。
- 天気と気温の変化を関係づけて考察し、自分の考えを表現できる。

③ 自然事象に対する主体的な学習態度

- １日の気温の変化に興味・関心をもち、進んで天気の様子を調べることができる。
- 天気の様子に不思議さやおもしろさを感じ、見いだしたきまりで日常生活を見直そうとすることができる。

■ どのように学ぶか(アクティブ・ラーニングの要点) ■

- 天気と気温の関係について、気づいたことを書き出し、問題を見いだす主体的な活動を行う。
- 晴れの日とくもりの日の２回、気温の測定を行い、気温のはかり方を習得するとともに測定結果をもとに話し合い、天気によって１日の気温に変化があることをとらえる。
- 折れ線グラフの表し方と読み方を学び、測定した気温をグラフに表して、天気による１日の気温の変化の特徴をつかむ。
- 晴れの日とくもりの日の気温のグラフを１つにまとめ、気づいたことを話し合う。その際、二次元表を作成し、グループや全体で話し合う活動を行う。

■ 指導計画（全６時間）■

おもな学習活動	中心となるアクティブ・ラーニングの視点

◆第１次　天気と気温　（6 時間）

①② 天気と気温の関係（2 時間）

- 天気と気温の関係、1 日の気温の変わり方について、話し合う。
- 天気による 1 日の気温の変わり方について予想をする。
- 1 日の気温の調べ方の計画を立てる。

③④ 1 日の気温の変化（2 時間）

- 1 日の気温の変わり方と天気を調べる。（晴れの日と雨またはくもりの日を計測する。）

⑤⑥ 気温の変化と天気の関係（2 時間）

- 観察した記録を折れ線グラフに表す。
- 天気によって、1 日の気温の変わり方にどのような違いがあったかまとめる。

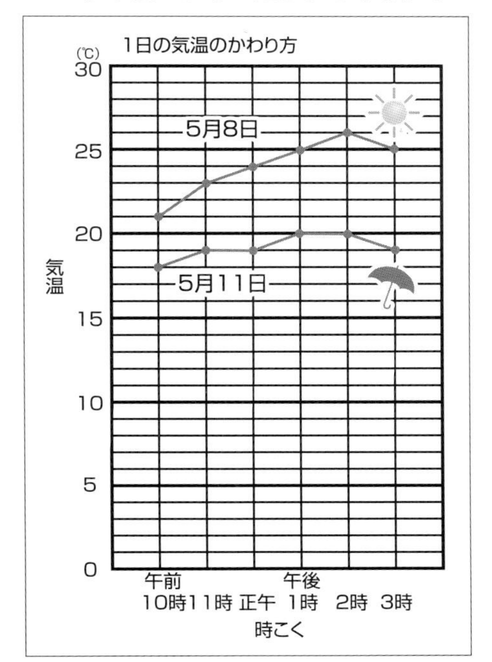

【問題の発見】
●晴れの日と、くもりの日の特徴をウェビングマップに書き出し、学ぶ問題を発見する。
⇒活動事例❶

【予想・仮説】
●1 日の気温の変わり方について、朝、昼、夕方の気温の違いや太陽の光との関係から予想し、ノートに書き、言葉で表現する。

【計画】
●1 日の気温の変わり方はどのように調べたらよいのか、時間、場所、器具について話し合う。

【観察・実験】
●晴れの日と雨またはくもりの日の 1 日の気温を 1 時間ごとに調べる。グループで計測を分担してもよいが、一人ひとりが主体的に計測を行う。

【結果】
●折れ線グラフの表し方と読み方を知り、計測した気温をグラフに表して、1 日の気温の変化の特徴をつかむ。

【考察】
●晴れの日と雨またはくもりの日のグラフを 1 枚のグラフ用紙にまとめ、比べる。また、グループで二次元表をつくり、特徴を話し合う。気づいたことを友達に説明したり、わかりやすくまとめたりする。
⇒活動事例❷

■アクティブ・ラーニングの実際例■

活動事例❶　学習問題を見いだす場面（１時間目／全６時間）

1. 晴れの日とくもりの日の写真や生活経験から天気と気温の関わりについて、グループで、ウェビングマップに表す。
2. 書き出したものを全体で整理して学ぶ問題を設定する。
3. 調べ方を話し合って決める。棒温度計や百葉箱の使い方も指導する。

ここがポイント

ウェビングマップは、情報や知識を関連づけて考えるときに活用できます。そこで、天気と気温を関連づける学習の導入で、「晴れ」をキーワードに、気づいたことを「暑い、半そで、明るい」などと、周辺に書いていきます。このことから、調べてみたい問題を明らかにし、次時からの主体的・協働的な学びの動機づけとしましょう。

活動事例❷　考察をする場面（６時間目／全６時間）

1. ２つの折れ線グラフを１枚のグラフ用紙にまとめ、比べる。折れ線グラフから読み取れることを考え、ノートに箇条書きにする。
2. グループで箇条書きにしたことを話し合い、二次元表に表し、視点を整理・集約する。
3. 二次元表をもとに発表し、全体で話し合い、整理する。

ここがポイント

二次元表は、左側に気づいた視点を書き出し、それに対してそれぞれの項目がどのようであったか記入し、分析を視覚化するものです。全体やグループなどでの話し合いに用いると、視点が明確になり、結論を導く手助けとなります。

4年B　(3)

自然の中の水

（全５時間）

■ 何を学ぶか（単元のねらい）■

- 自然界の水の変化が起こる様子について興味・関心をもって追究する。
- 水と水蒸気とを関係づける能力を育て、それらについて理解する。
- 自然界の水の変化についての見方や考え方をもてるようにする。

■ 何ができるようになるか（評価の観点）■

①　自然事象に関する知識・技能

- 水の状態変化を定点で観測できる。
- 自然蒸発や結露などの現象を観察して、その過程や結果を記録できる。
- 水は、水面や地面などから蒸発し、水蒸気になって空気中に含まれていくことを理解できる。
- 空気中の水蒸気は、結露して再び水になって現れることがあることを理解できる。

②　科学的な思考力・判断力・表現力

- 水蒸気や結露に姿を変える水の状態変化と気温を関係づけて、それらについて予想や仮説をもち、表現できる。
- 水蒸気や結露に姿を変える水の状態変化と気温を関係づけて考察し、自分の考えを表現できる。

③　自然事象に対する主体的な学習態度

- 水が蒸発する様子に興味・関心をもち、進んで自然界の水の変化を調べることができる。
- 自然界の水の変化に不思議さやおもしろさを感じ、見いだしたきまりで日常生活を見直そうとすることができる。

■ どのように学ぶか（アクティブ・ラーニングの要点）■

- 児童が自ら問題意識をもてるようにするために、校庭の水たまりなど具体的な事象を取り上げ、乾いたときと比較をしながら話し合う活動を行う。
- 友達と対話したり調べ合ったりして学びを深め、水は水面や地面などから蒸発していることを協働的な活動を通しながらとらえる。
- 友達と協力しながら、水のゆくえについて調べ、自然界でも水は温度によって姿を変えることを確かめ、水と温度との関係についてとらえ、自分の言葉で表現する。

■ 指導計画（全５時間）■

おもな学習活動	中心となるアクティブ・ラーニングの視点

◆第１次　水のゆくえ　（5時間）

①②　水面からの蒸発（２時間）

- 水たまりの水がなくなってしまうことについて話し合う。
- 水が空気中に出ていくか調べる。

③　地面からの蒸発（１時間）

- しみこんだ水が蒸発するか調べる。

④⑤　空気中の水蒸気（２時間）

- 空気中には、水蒸気が含まれているかどうか調べる。

【問題の発見】
- 導入で提示した写真を見たり、校庭の水たまりがなくなった様子を観察したりすることで、たまっていた水がいつの間にかなくなってしまうことについて、これまでの学習を振り返りながら話し合い、学ぶ問題を発見する。

【予想・仮説】
- 既習事項や生活経験での様子などを想起し、それらを根拠にしながら、自分の考えをもとにして、友達の考えと比べながら予想を立てる。
⇒活動事例❶

【考察】
- 地面にふせておいた透明な入れ物の内側に水がついた様子と予想を比べ、グループで話し合い、全体に発表する。

【計画】
- 空気中に水蒸気が含まれているかどうかを調べるために、これまでの学習を想起しながら、図や言葉を使ってグループで計画を立てる。
⇒活動事例❷

■ アクティブ・ラーニングの実際例 ■

活動事例❶　予想・仮説を立てる場面（2 時間目／全 5 時間）

1. 雨上がりの校庭を見て、水たまりがなくなったことから、水は空気中に出ていくのかという問題を設定し、既習事項や生活経験をもとに予想する。
2. 予想したことを自分の根拠を明らかにしながら話し合う。

ここがポイント

日常生活において、水に関する身近な事象を多くの児童は経験していますが、水のゆくえなどに疑問をあまり感じていません。そこで、校庭の水たまりのほかに、水がしみこまない朝礼台の水たまりもなくなることに注目させ、水のゆくえに問題意識をもたせます。その際、洗濯物や水そうの水など日常生活での様子を想起させ、根拠をもって自分の予想が立てられるようにしましょう。

活動事例❷　計画を立てる場面（4 時間目／全 5 時間）

1. 水蒸気が空気中に存在するか確かめるために、これまでに学習したことを想起し、実験の計画を図や言葉に表現してグループで話し合う。
2. グループでまとめたことを全体で話し合い、どのような結果になったら水蒸気が含まれているといえるか考えながら、実験の計画を確認し合う。

ここがポイント

空気中に存在する水蒸気について、児童はこれまであまり考えたことがありません。そこで、見えない水蒸気が冷えると水になるという既習事項や、コップに水滴がつくこと、窓ガラスが結露することなどの生活経験を想起させ、実験の計画が立てられるようにしましょう。

4年B （4）

星の明るさや色

（全３時間）

■何を学ぶか（単元のねらい）■

- 天体について興味・関心をもって追究する。
- 星の特徴について理解する。
- 星に対する豊かな心情を育て、星の特徴についての見方や考え方をもてるようにする。

■何ができるようになるか（評価の観点）■

①　自然事象に関する知識・技能

- 必要な器具を適切に操作し、星を観察できる。
- 空には、明るさや色の違う星があることを理解できる。

②　科学的な思考力・判断力・表現力

- 星の明るさや色を関係づけて、それらについて予想や仮説をもち、表現できる。

③　自然事象に対する主体的な学習態度

- 星の明るさや色に興味・関心をもち、進んで星の特徴を調べることができる。
- 夜空に輝く星から自然の美しさを感じ、観察することができる。

■どのように学ぶか（アクティブ・ラーニングの要点）■

- 「もし、星によって明るさが違うとしたら、３つのうちどれが一番明るいだろうか」などと投げかけ、個々の児童が天体に興味・関心をもち、進んで観察する主体的な活動を行う。
- 夏の大三角を観察したことをもとに、友達と対話したり調べたりしながら学びを深め、星には明るさの違うものがあることをとらえる。
- さそり座を観察したことをもとに、友達と対話したり、調べ合ったりしながら学びを深め、星には色の違うものがあることをとらえる。
- 観察した結果をグループや全体で話し合う。

■ 指導計画（全３時間）■

おもな学習活動	中心となるアクティブ・ラーニングの視点

◆第１次　星の明るさや色　（3時間）

①　おりひめ星とひこ星（1時間）

●　星空の写真からおりひめ星とひこ星を探す活動を通して、気づいたことを話し合う。

【問題の発見】
●写真の星の明るさ（大きさ）や色の違いを全体で話し合い、学ぶ問題を発見する。
⇒活動事例❶

②③　星の明るさや色（2時間）

●　星座早見の使い方を知り、星の観察の視点を話し合う。

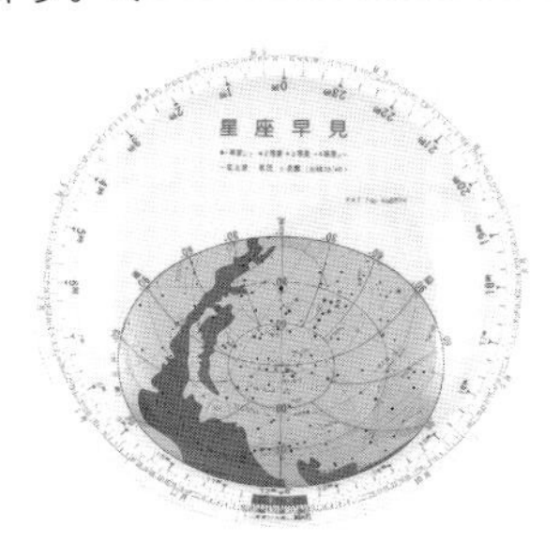

【計画】
●観察から何がわかれば問題を解決することができるかをグループで話し合い、全体で観察の視点を定める。

●　明るさや色に着目して、夜空の星を観察する。（課外）

【観察・実験】
●明るさや色に着目して観察し、違いを明確にして記録する。

●　観察した結果をもとに、星の明るさや色の違いについてわかったことを話し合う。

【考察】
●観察した結果をもとにグループや全体で話し合い、整理・集約する。
⇒活動事例❷

■アクティブ・ラーニングの実際例■

活動事例❶　学習問題を見いだす場面（１時間目／全３時間）

1. 七夕の話に出てくる星が実際にあることを知り、写真から２つの星を探す。
2. 写真の中の星を見比べて、気づいたことを話し合う。
3. 気づいたことをもとに全体で調べたいことを分類・整理して学習問題を設定する。

ここがポイント

多くの児童は意識して星空を眺める経験をしていません。そこでよく知られている七夕の星探しを通して星に対する興味を抱かせます。写真を見て、ベガやアルタイルと他の星を比べさせ、明るさが違うことに疑問をもたせることで主体的に観察に取り組むことができるようになります。また、「もし、星によって明るさが違うとしたら、３つのうちどれが一番明るいだろうか」などと投げかけるとより興味をもって観察することができるでしょう。

活動事例❷　考察をする場面（３時間目／全３時間）

1. 児童一人ひとりが観察の結果から、どのようなことがいえるか考える。
2. グループで話し合い、友達の意見と自分の考えを比べながら話し合い、考えをまとめる。
3. グループで話し合った結果を発表し、全体で整理・集約をする。

ここがポイント

考察をする場面では、自分がもった予想をもとに観察した結果からいえることを考えるようにします。全体やグループなどで考察したことを話し合い、整理して結論を導き出すようにします。

4年B　(4)
月の動き

（全６時間）

■ 何を学ぶか（単元のねらい）■

- 天体について興味・関心をもって追究する。
- 月の動きと時間の経過とを関係づける能力を育て、それらについて理解する。
- 月に対する豊かな心情を育て、月の動きについての見方や考え方をもてるようにする。

■ 何ができるようになるか（評価の観点）■

①　自然事象に関する知識・技能

- 必要な器具を適切に操作し、月を観察できる。
- 地上の目印や方位などを使って月の位置を調べ、その過程や結果を記録できる。
- 月は日によって形が変わって見え、１日のうちでも時刻によって位置が変わることを理解できる。

②　科学的な思考力・判断力・表現力

- 月の位置の変化と時間を関係づけて、それらについて予想や仮説をもち、表現できる。
- 月の位置の変化と時間を関係づけて考察し、自分の考えを表現できる。

③　自然事象に対する主体的な学習態度

- 月の位置の変化に興味・関心をもち、進んで月の特徴や動きを調べることができる。
- 月から自然の美しさを感じ、観察することができる。

■ どのように学ぶか（アクティブ・ラーニングの要点）■

- 月の写真を提示し、自然の美しさや不思議さを味わわせ、学習の動機づけをする。月の形や動きを想起し、学習問題を見いだす。
- 昼間の半月を学校で観察する。観測方法を学び、友達とペアで確認し合ったり意欲づけし合ったりして、夜、家で継続観察する。
- 一人ひとりが夜の半月を観察し、記録したカードを学校に持ち寄り、ペアやグループで見せ合って半月の動きについて話し合う。
- 同様に、満月の動きも夜間観察し、後に学校で、ペアやグループ、全体で話し合い、月は東のほうから南のほうへ動き、太陽の動きに似ていることをとらえる。

■ 指導計画（全６時間）■

おもな学習活動	中心となるアクティブ・ラーニングの視点

◆第１次　半月の動き　（３時間）

おもな学習活動	中心となるアクティブ・ラーニングの視点
①　半月や満月（１時間） ●　月には満月や半月などいろいろな形があるが、どの月も同じように動くかどうか話し合う。	**【問題の発見】** ●美しい月の写真を見て、自然の不思議さ美しさを感じ、月に対する興味･関心をもつ。また、月を見た経験を想起し、月の形や動きを分類し、学ぶ問題を発見する。 **⇒活動事例❶**
②③　半月の動き（２時間） ●　月の位置の調べ方や月の記録の仕方を知り、時間がたつと半月の位置はどうなるか調べる。（夜間の観察は課外）	**【観察・実験】** ●昼間の月を教師や友達と観察することで、観察する場所、背景を入れる記録の方法、方位や高さのはかり方などの技能を習得する。家で観察する自信と、続きを調べたい気持ちをもち、夜間の継続観察に意欲をもつ。 **⇒活動事例❷**
●　半月の動きについてまとめる。	**【考察】** ●昼間の半月の観察と、夜間の半月の観察を合わせて考え、半月の動きについて全体で話し合う。

◆第２次　満月の動き　（３時間）

おもな学習活動	中心となるアクティブ・ラーニングの視点
④⑤　満月の動き（２時間） ●　満月の動きについて話し合い、満月の動きを調べる。（課外）	**【観察・実験】** ●夜間の観察となるため、保護者の付き添いのもと、半月の動きとの共通点や差異点などを主体的に調べる。
●　観察の記録と満月の動きの写真をもとに、月の動きをまとめる。	**【考察】** ●それぞれの児童の観察記録カードを比べて、話し合う。月の動きは、形が変わっても、太陽の動きと似ていることに話し合いを通じて気づく。
⑥　月の動きのまとめ（１時間） ●　コンピュータなどを使って、月の動きを調べる。	

■アクティブ・ラーニングの実際例■

活動事例❶　学習問題を見いだす場面（1 時間目／全 6 時間）

1. 美しい月の写真を見て、天体について調べてみたいと興味をもてるようにする。
2. どのような形の月を、いつ、どの方位で見たか、思い起こし、付箋に書き、KJ 法により分類・整理する。
3. 月も太陽と同じように動くのか。どの形の月も同じように動くのかを話し合い、学習問題を設定する。

ここがポイント

児童に美しい月の写真を見せ、天体の神秘を感じさせ、調べてみたいと思わせましょう。児童は、月を見たことがあっても、動く方向まではとらえていないことが多いです。そこで、月の形を全員が想起し KJ 法で分類し、動く方向を予想することで、主体的に「月はどのように動いているのか」調べたくなるようにしましょう。

活動事例❷　観察・実験をする場面（2 時間目／全 6 時間）

1. 昼間の半月を観察する。月の観察の基本的技能を知り、その後、自分の観察場所を決めて目印をつける。
2. 観察カードに、午後２時と午後３時の月の形と位置を記入する。近くの児童とペアを組み、観察の仕方を確認し、主体的に観察できるようにする。
3. 夜、午後６時と７時に、家で継続観察し記録する。

ここがポイント

夜間の月を意欲的に観察したいと思わせることが大事です。そのために、校庭で昼の月を観察した後、ペアになって確認する場面を設け、児童が自分の技能を確認し、続きを調べてみたいと思えるようにしましょう。

4年B （4）

星の動き

（全５時間）

■ 何を学ぶか（単元のねらい）■

- 天体について興味・関心をもって追究する。
- 星の動きと時間の経過とを関係づける能力を育てるとともに、それらについて理解する。
- 星に対する豊かな心情を育て、星の動きについての見方や考え方をもつことができるようにする。

■ 何ができるようになるか（評価の観点）■

① 自然事象に関する知識・技能

- 必要な器具を適切に操作し、星を観察できる。
- 地上の目印や方位などを使って星の位置を調べ、その過程や結果を記録できる。
- 星の集まりは、１日のうちでも時刻によって、並び方は変わらないが、位置が変わることを理解できる。

② 科学的な思考力・判断力・表現力

- 星の位置の変化と時間を関係づけて、それらについて予想や仮説をもち、表現できる。
- 星の位置の変化と時間を関係づけて考察し、自分の考えを表現できる。

③ 自然事象に対する主体的な学習態度

- 星の位置の変化に興味・関心をもち、進んで星の動きを調べることができる。
- 夜空に輝く星から自然の美しさを感じ、観察することができる。

■ どのように学ぶか（アクティブ・ラーニングの要点）■

- 個々の児童が、星の集まりに興味・関心をもち、星の動きについて進んで観察する主体的な活動を行う。
- 写真などの資料から気づいたことを話し合う活動を通して、星の集まりの見える位置は時刻によって変わるのではないかという問題を見いだす。
- 友達と対話したり調べ合ったりしながら学びを深め、星の集まりは、時間がたっても並び方は変わらないが、見える位置が変わることをとらえる。
- 結果をグループや全体で話し合う。

■ 指導計画（全５時間）■

おもな学習活動	中心となるアクティブ・ラーニングの視点

◆第１次　星の動き　（5時間）

① オリオン座の並び方と動き（１時間）

● 違う時刻に撮影された２枚の写真を見て、気づいたことを話し合う。

②③④ 星座の動きと星の並び方（３時間）

● 時間がたつと、星座の位置や星の並び方は変わるか話し合う。

● 予想を確かめるための観察の方法や視点を話し合う。

● 時刻を変えて、星座の位置や星の並び方を調べる。（課外）

● 観察した結果をもとに、星の並び方や星の動きについてわかったことを話し合う。

⑤ 星の動きのまとめ（１時間）

● コンピュータなどを使って、他の星座の星の並び方や動きを調べる。

【問題の発見】

●２枚の写真の違いについて全体で分類、整理して、学ぶ問題を発見する。

⇒活動事例❶

【予想・仮説】

●これまでに学習した太陽や月の動き方をもとにして、星座の動きと星の並び方について予想し、表現する。

●また、星占いの十二星座が誕生日のあたりでは見つからないことから、季節によって見える星座が変わるのではないかと考える。

【計画】

●観察から何がわかれば問題を解決することができるかを考え、観察の方法や視点を定める。

⇒活動事例❷

【考察】

●観察した結果をもとにグループで話し合い、全体に発表する。

【調べる】

●調べたことをもとに話し合い、他の星座の星の並び方や動きはどうなるか考える。

■ アクティブ・ラーニングの実際例 ■

活動事例❶　学習問題を見いだす場面（１時間目／全５時間）

1. 時刻を変えて同じ場所で撮影した星空の写真から、オリオン座を探す。
2. オリオン座を探してみて、気づいたことを話し合う。
3. 気づいたことをもとに全体で調べたいことを分類・整理して学習問題を設定する。

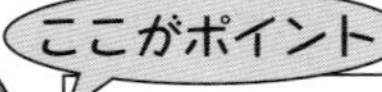

ここがポイント

季節によって見える星座が異なることを意識している児童は多くありません。星座早見を使って星占いの十二星座を探したり、オリオン座の神話の話をしたりするなど、児童の興味を引く話題で導入することで、主体的に学習問題を見いだしたり、観察したりできるようにするとよいでしょう。

活動事例❷　計画を立てる場面（３時間目／全５時間）

1. 児童一人ひとりが学習問題に対する予想を立て、確かめるための観察方法を考える。
2. グループで観察方法を話し合い、その方法で学習問題を確かめることができるかを考える。
3. 全体で話し合ったことを整理し、観察方法を確認する。

ここがポイント

観察方法を計画する場面では、どのような結果が得られれば自分の予想が正しいといえるかを考えながら計画を立てます。意見の交流をすることで、観察の視点を明確にする協働的な活動を取り入れるとよいでしょう。

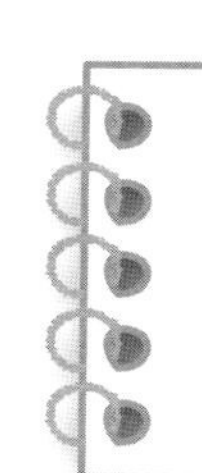

5年A（1）

もののとけ方

（全12時間）

■何を学ぶか（単元のねらい）■

● 物の溶け方について興味・関心をもって追究する。

● 物が水に溶ける規則性について条件を制御して調べる能力を育て、それらについて理解する。

● 物の溶け方の規則性についての見方や考え方をもてるようにする。

■何ができるようになるか（評価の観点）■

① 自然事象に関する知識・技能

● 物の溶け方の違いを調べる工夫をし、ろ過器具や加熱器具などを適切に操作し、安全で計画的に実験できる。

● 物の溶け方の規則性を調べ、その過程や結果を定量的に記録できる。

● 物が水に溶ける量には限度があることを理解できる。

● 物が水に溶ける量は水の量や温度、溶ける物によって違うことや、この性質を利用して、溶けている物を取り出すことができることを理解できる。

● 物が水に溶けても、水と物とを合わせた重さは変わらないことを理解できる。

② 科学的な思考力・判断力・表現力

● 物の溶け方とその要因について予想や仮説をもち、条件に着目して実験を計画し、表現できる。

● 物が溶ける量を、水の温度や水の量と関係づけて考察し、自分の考えを表現できる。

③ 自然事象に対する主体的な学習態度

● 物を水に溶かし、物が溶ける量や水の量と温度を変えたときの現象に興味・関心をもち、自ら物の溶け方の規則性を調べることができる。

● 物が水に溶けるときの規則性を適用し、身の回りの現象を見直すことができる。

■どのように学ぶか（アクティブ・ラーニングの要点）■

● シュリーレン現象の観察という共通体験を通して、気づいたことや疑問に思ったこと、調べたいことを共有し、問題を発見する。

● 友達と対話したり調べ合ったりしながら学びを深め、溶かす前の物と水を合わせた重さと、物を溶かした後の水溶液の重さが等しいことをとらえる。

● 友達と協力したり話し合ったりして、物が水に溶ける量には限度があることをとらえる。

● 予想をもとにグループで話し合い、計画を立てる。

■指導計画（全12時間）■

おもな学習活動	中心となるアクティブ・ラーニングの視点
◆第１次　水溶液の重さ	**（4時間）**
①　水溶液（1時間） ●　物が水に溶けることについて話し合う。水溶液の定義を知る。	**【問題の発見】** ●食塩が水に溶ける様子を観察し、疑問に思ったことや調べたいことを全体で分類・整理して、学ぶ問題を発見する。 **⇒活動事例❶**
②③④　水溶液の重さ（3時間） ●　水と物を合わせた重さと、溶かしたあとの水溶液の重さは、違うかどうか予想し、計画を立てる。	**【予想・仮説】** ●３学年の「ものの重さ」の学習などをもとに個々の児童が予想をもつ。
●　電子てんびんや上皿てんびんを使い、溶かす前と溶かしたあとの重さを比べる。	**【観察・実験】** ●器具の使い方を知り、実験方法を互いに確認しながら、結果を記録する。
●　水に物が溶けたときの様子について話し合う。	**【考察】** ●水に物が溶けたときの様子を図や絵に示し、グループや全体で互いの考えを交流する。
◆第２次　水に溶ける物の量	**（6時間）**
⑤⑥　食塩が水に溶ける量（2時間） ●　メスシリンダーの使い方を知り、食塩がどれくらい溶けるか調べる。	**【観察・実験】** ●溶かす食塩の量について、自分としての目安をもって実験をする。
⑦　ホウ酸が水に溶ける量（1時間） ●　ホウ酸がどれくらい溶けるか調べる。	**【考察】** ●実験の結果から、物が水に溶ける量の限度や溶ける物による違いについて話し合う。
⑧⑨⑩　溶け残ったものを溶かす方法（3時間） ●　溶け残った食塩やホウ酸を溶かす方法を考える。	**【計画】** ●前時までの学習や生活経験をもとに、実験方法を考え、互いの考えをグループで話し合う。 **⇒活動事例❷**
◆第３次　溶かした物の取り出し方	**（2時間）**
⑪⑫　ホウ酸の取り出し方（2時間） ●　ろ液を蒸発させたり、ろ液の温度を下げたりし、ホウ酸を取り出す。	**【予想・仮説】** ●ろ過装置の使い方を知り、ろ液を取り出し、その中にホウ酸があるかどうかを図などに表現して話し合う。

■ アクティブ・ラーニングの実際例 ■

活動事例❶　学習問題を見いだす場面（1時間目／全12時間）

1. 物を溶かした経験について話し合う。
2. 食塩が水に溶ける様子を観察し、気づいたことや調べてみたいことを付箋に書く。
3. 気づいたことをもとに全体で調べたいことを分類・整理して学習問題を設定する。

ここがポイント

「物が水に溶ける」ということは、日常生活で多くの児童が経験しています。ここでは、食塩が水に溶ける様子を十分に観察し、気づきや疑問、調べたいことについて、話し合いながら問題へとつなげていきましょう。

活動事例❷　計画を立てる場面（8時間目／全12時間）

1. 児童一人ひとりが溶け残った食塩やホウ酸を溶かす方法を考える。
2. グループで話し合って考えをまとめる。
3. グループで話し合った結果を発表する。

ここがポイント

計画をする場面では、どうすれば予想をしたことを確かめられるかを考えます。全体やグループなどで話し合い、適切な方法を見つけるようにしましょう。

5年A （2）

ふりこの動き

（全８時間）

■ 何を学ぶか（単元のねらい）■

- 振り子の運動の規則性について興味・関心をもって追究する。
- 振り子の運動の規則性について条件を制御して調べる能力を育て、それらについて理解する。
- 振り子の運動の規則性についての見方や考え方をもてるようにする。

■ 何ができるようになるか（評価の観点）■

① 自然事象に関する知識・技能

- 振り子の運動の規則性を調べる工夫をし、それぞれの実験装置を的確に操作し、安全で計画的に実験やものづくりをすることができる。
- 振り子の運動の規則性を調べ、その過程や結果を定量的に記録できる。
- 糸につるしたおもりが１往復する時間は、おもりの重さなどによっては変わらないが、糸の長さによって変わることを理解できる。

② 科学的な思考力・判断力・表現力

- 振り子の運動の変化とその要因について予想や仮説をもち、条件に着目して実験を計画し、表現できる。
- 振り子の運動の変化とその要因を関係づけて考察し、自分の考えを表現できる。

③ 自然事象に対する主体的な学習態度

- 振り子の運動の変化に興味・関心をもち、自ら振り子の運動の規則性を調べることができる。
- 振り子の運動の規則性を適用してものづくりをしたり、その規則性を利用した物の工夫を見直したりすることができる。

■ どのように学ぶか（アクティブ・ラーニングの要点）■

- 個々の児童が振り子を作って振り、１往復する時間がそれぞれ違うことに気づき、自らの問題を見いだす。
- 友達と協力したり話し合ったりしたりして、最初の体験をもとに１往復する時間に関わる要因について予想や仮説をもち、実験に対して見通しをもって取り組む。
- 友達と対話したり調べ合ったりしながら、実験の方法について条件を整え、振り子の１往復する時間には振り子の長さが関わっていることをとらえる。
- 結果を全体でまとめ、できたグラフについてグループや全体で話し合う。

■ 指導計画（全8時間）■

おもな学習活動	中心となるアクティブ・ラーニングの視点
◆第1次　振り子の1往復する時間　（8時間）	
① 振り子の動き（1時間） ● 身の回りにある振り子の動きをする物について話し合い、作った振り子の動きを調べる。	**【問題の発見】** ●1往復する時間の違う振り子を比べて、その原因について話し合い、学ぶ問題を発見する。 **⇒活動事例❶**
② 振り子が1往復する時間に関わる要因（1時間） ● 振り子の1往復する時間が異なる原因を予想する。	**【予想・仮説】** ●前時の実験から、振り子のどの部分が変わっていたかを想起し、振り子の1往復の時間が異なる原因を図や言葉で表現する。
③ 1往復する時間を調べる計画（1時間） ● 振り子の1往復する時間を変化させる要因を調べるために、変える条件と変えない条件を整えて、実験計画を立てる。	**【計画】** ●変える条件と変えない条件を話し合い表にまとめ、実験方法を考えて表現する。
④⑤ 振り子の1往復する時間（2時間） ● 振り子の1往復する時間と振り子の長さ・おもりの重さ・振れ幅の関係を調べる。	**【観察・実験】** ●グループで実験の役割を決め、協力して実験を行い、結果を表やグラフに表す。
⑥ 1往復する時間に関わるもの（1時間） ● 振り子の1往復する時間と振り子の長さ・おもりの重さ・振れ幅の関係をまとめる。	**【考察】** ●各グループの結果を黒板に掲示し、全体で振り子の1往復する時間を変える原因を話し合う。 **⇒活動事例❷**
⑦⑧ ものづくり（2時間） ● 振り子の規則性を利用したものを考えて設計図を描き、ものづくりをする。	**【計画】** ●自分がつくってみたいものが、振り子のどのような性質を利用しているか考えて設計図を描き、ものづくりをする。
● 作った物について、振り子の規則性をどのように工夫したか、友達に説明する。	**【考察】** ●振り子の規則性をどのように利用したものか、友達に説明する。

■ アクティブ・ラーニングの実際例 ■

活動事例❶　学習問題を見いだす場面（１時間目／全８時間）

1. 身の回りにある振り子について、どのようなところに使われているか話し合う。
2. 自分の振り子と他の児童の振り子とを比べて、気づいたことを話し合う。
3. 気づいたことをもとに、全体で調べたいことについてＫＪ法を用いて、分類・整理して学習問題を設定する。

ここがポイント

児童一人ひとりがそれぞれに気づきをもって取り組むことで、他者との話し合いや協力をし合うことが自分の問題を解決する大きな手段であることに気づきます。進んで自分の考えを話したり、他者の考えを聞いたりすることで、主体的・協働的な学びになるようにしましょう。

活動事例❷　考察をする場面（６時間目／全８時間）

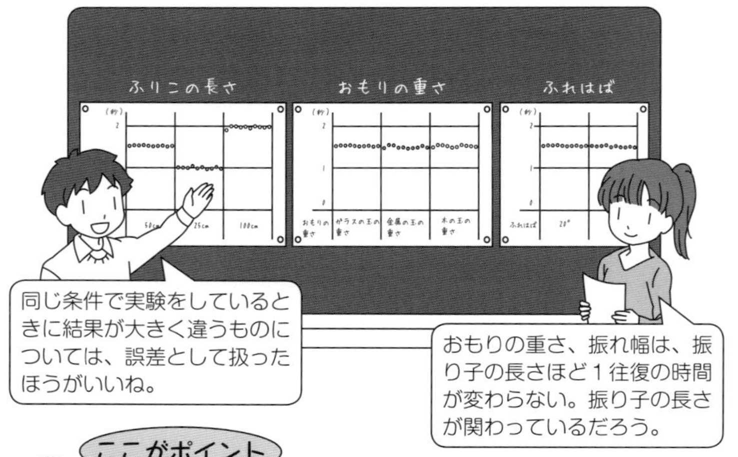

1. 児童一人ひとりが全体の実験の結果から、どのようなことがいえるか考える。
2. グループで話し合い、自分の考えをまとめる。
3. グループで話し合った結果から自分の考えを発表し、他の児童の意見と交流する。

ここがポイント

結果をまとめる場面では､各グループのデータを学級のデータとして集約します。集約したデータから、実験結果についての妥当性を検討します。多くのデータを比べるなかで、誤差の大きな結果は除き、全体の傾向を探ります。このような協働的な学びに取り組むことで、振り子の１往復する時間を変化させる要因について､児童一人ひとりが納得する考察をすることができるでしょう。

5年A（3）

電磁石の性質

（全 11 時間）

■ 何を学ぶか（単元のねらい）■

- 電磁石の導線に電流を流し、電磁石の強さの変化について興味・関心をもって追究する。
- 電流の働きについて条件を制御して調べる能力を育て、それらについて理解する。
- 電流の働きについての見方や考え方をもてるようにする。

■ 何ができるようになるか（評価の観点）■

① 自然事象に関する知識・技能

- 電磁石の強さの変化を調べる工夫をし、導線などを適切に使って、安全で計画的に実験やものづくりをすることができる。
- 電磁石の強さの変化を調べ、その過程や結果を定量的に記録できる。
- 電流の流れているコイルは、鉄心を磁化する働きがあり、電流の向きが変わると、電磁石の極が変わることを理解できる。
- 電磁石の強さは、電流の強さや導線の巻数によって変わることを理解できる。

② 科学的な思考力・判断力・表現力

- 電磁石に電流を流したときの電流の働きの変化とその要因について予想や仮説をもち、条件に着目して実験を計画し、表現できる。
- 電磁石の強さと電流の強さや導線の巻数、電磁石の極の変化と電流の向きを関係づけて考察し、自分の考えを表現できる。

③ 自然事象に対する主体的な学習態度

- 電磁石の導線に電流を流したときに起こる現象に興味・関心をもち、自ら電流の働きを調べることができる。
- 電磁石の性質や働きを使ってものづくりをしたり、その性質や働きを利用した物の工夫を見直したりすることができる。

■ どのように学ぶか（アクティブ・ラーニングの要点）■

- 個々に電磁石を製作し、磁石との相違点について興味・関心をもって問題を見いだし、主体的に追究する。
- 自分の考えた予想・仮説や実験計画、結果の見通し、考察を図や言葉で表現し、友達の様々な考えと比較しながら主張したり受け入れたりして、修正できるようにする。
- 質的変化や量的変化に着目して、問題を解決するための実験計画を個々に考える。実験方法の条件が整理されているかどうか友達と話し合って、計画を見直したり協力したりして実験をする。
- 結果や考察をグループや全体で発表し、話し合う。

■ 指導計画（全 11 時間）■

おもな学習活動	中心となるアクティブ・ラーニングの視点
◆第１次　電磁石の極（4 時間）	
①　コイルと電磁石（1 時間） ● 電磁石が使われている装置をもとに、電磁石について気づいたことについて話し合う。	**【事象との出会い】** ●電磁石について興味・関心をもち、電磁石の製作や探究の意欲を高める。
②③　電磁石の働き（2 時間） ● 電磁石を作り、電磁石ができたか確かめる。	**【問題の発見】** ●電磁石の性質と磁石の性質を比べて、同じところや違うところを話し合い、学ぶ問題を発見する。 **⇒活動事例❶**
④　電磁石の極（1 時間） ● 乾電池の向きを変えると、電磁石の極の向きが変わるか調べる。	**【予想・仮説】** ●これまで学習したことや経験したことから、電磁石の極を変えるにはどうすればよいか、図や言葉で表現し、考えをグループなどで共有する。
◆第２次　電磁石の強さ（7 時間）	
⑤⑥⑦⑧　電磁石の強さ（4 時間） ● 電磁石が鉄を引きつける力を、もっと強くするためにはどうすればよいかを予想する。変える条件と変えない条件を整えて、実験計画を立てる。	**【計画】** ●実験の方法や整える条件を考え、グループや全体で話し合い、互いの考えを共有し、実験計画を立てる。 **⇒活動事例❷**
● 電流の大きさを変えたときの電磁石の強さを調べる。	**【観察・実験】** ●変える条件と変えない条件や実験結果がわかるように表を用いて記録し、個々の実験結果を全体で共有する。
● コイルの巻数を変えたときの電磁石の強さを調べる。	
● 実験結果から、電磁石の強さについてまとめる。	**【考察】** ●実験の結果からどんなことがいえるか個々に考える。個の考えをグループで話し合い、全体でまとめる。
⑨⑩⑪　ものづくり（3 時間） ● 電磁石の性質を利用して、おもちゃを作る。	**【考察】** ●事例をヒントにして自分のアイディアを凝らしたおもちゃを作る。電磁石のどのような性質を利用したおもちゃか、友達に説明する。

■アクティブ・ラーニングの実際例■

活動事例❶　学習問題を見いだす場面（３時間目／全 11 時間）

1. 磁石の性質を想起し、電磁石ができたかどうかをどのように調べたらよいのか個々で考える。
2. 電磁石の性質を磁石と比べながら調べて、相違点を表などに整理して全体で共有する。
3. 表などにまとめたものをもとに、調べたいことを分類・整理して学習問題を設定する。

ここがポイント

実験は自作の電磁石を使って個人で行います。磁石との相違点を調べる活動から、電流の働きに気づかせていきます。電磁石の極の向きは何に関係しているのか、もっと強い電磁石を作るためにはどうしたらよいかなど、調べたい問題を発見できるようにしましょう。

活動事例❷　計画を立てる場面（５時間目／全 11 時間）

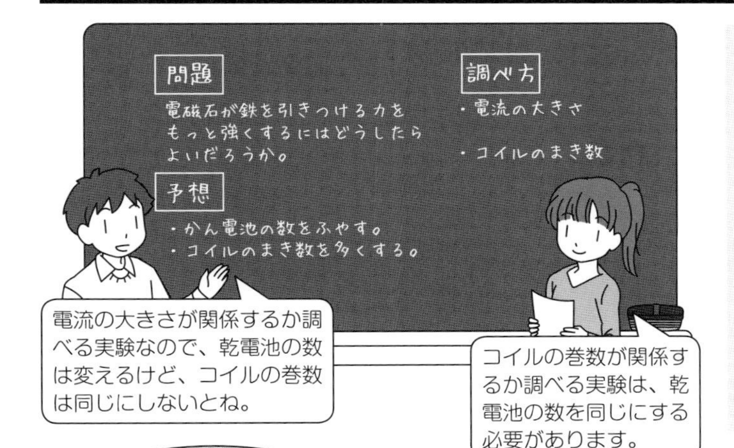

1. 電磁石を強くする方法を一人ひとりが考える。乾電池が２個なら２倍のクリップを持ち上げられるだろうなど、結果の見通しも立てる。
2. 実験方法と結果の見通しをグループで発表し合い、考えを交流する。
3. 条件の整理を互いに確認し合い、実験方法を修正する。

ここがポイント

実験計画の際に、変える条件と変えない条件を的確に区別して計画されているか、グループ内で見直しをさせます。また、結果の見通しを考えさせることによって、考察の際に仮説に対する妥当な見方や考え方を見いだすことができるようにしましょう。

5年B （1）

植物の発芽・成長

（全 11 時間）

■ 何を学ぶか（単元のねらい）■

- 植物の発芽や成長の様子について興味・関心をもって追究する。
- 植物の発芽や成長について条件を制御して調べる能力を育て、それらについて理解する。
- 生命を尊重する態度を育て、植物の発芽・成長とその条件についての見方や考え方をもてるようにする。

■ 何ができるようになるか（評価の観点）■

① 自然事象に関する知識・技能

- 種子に含まれている養分を、ヨウ素液などを適切に使って観察できる。
- 植物の発芽や成長に関わる条件、種子に含まれる養分について調べ、その過程や結果を記録できる。
- 植物は、種子の中の養分をもとにして発芽することを理解できる。
- 植物の発芽には、水、空気及び温度が、成長には日光や肥料などが関係していることを理解できる。

② 科学的な思考力・判断力・表現力

- 植物の発芽や成長について予想や仮説をもち、条件に着目して観察や実験を計画し、表現できる。
- 植物の発芽や成長に関わる条件を関係づけて考察し、自分の考えを表現できる。

③ 自然事象に対する主体的な学習態度

- 植物の発芽や成長の様子に興味・関心をもち、自らそれらの変化に関わる条件を調べることができる。
- 植物の発芽や成長の様子に生命のたくみさを感じ、それらを調べることができる。

■ どのように学ぶか（アクティブ・ラーニングの要点）■

- 個々の児童が、これまで植物を育てた経験を思い出し、発芽や成長に必要な条件を予想し、その予想を確かめる実験を主体的に行う。
- いくつかの条件を調べていくためには条件を制御して調べることが大切であることを学び、話し合いを通して実験の計画を立てる。
- 友達と協力し、計画に沿った実験を行い、予想や仮説と比べながら発芽や成長の条件を導き出す。

■ 指導計画（全11時間）■

おもな学習活動	中心となるアクティブ・ラーニングの視点
◆第1次　発芽の条件	**（5時間）**
① 発芽に必要な条件（1時間） ● 発芽するにはどのような条件が必要か話し合う。	**【問題の発見】** ●これまで植物を育てた経験を想起させ、発芽の条件について話し合う。 **⇒活動事例❶**
②③ 発芽と水（2時間） ● 発芽には水が必要か調べ、条件を整理する。	**【考察】** ●グループで実験の方法と結果をもとに発芽に水が必要かどうかについて話し合う。
④⑤ 発芽と空気や温度（2時間） ● 空気や温度が必要か調べるための計画を立て、実験をする。	**【計画】** ●どのようにすれば予想したことを確かめることができるのか、条件を制御することに着目して、実験の計画を話し合う。 **⇒活動事例❷**
◆第2次　発芽と養分	**（2時間）**
⑥⑦ 種子の中の養分（2時間） ● 種子の子葉と、発芽後の子葉の様子を話し合い、種子の中の養分を調べる。	**【問題の発見】** ●種子の中の様子と育った後の子葉の様子などから、種子の中の養分について話し合い、問題を発見する。 **【考察】** ●発芽前の種子と、発芽後の子葉のヨウ素でんぷん反応を比較し、グループや全体で種子の中の養分について話し合う。
◆第3次　植物の成長の条件	**（4時間）**
⑧⑨ 成長に必要な条件（2時間） ● 植物の成長に必要な条件を話し合い、実験計画を立てる。	**【問題の発見】** ●これまで植物を育てた経験を話し合い、学ぶ問題を発見する。 **【計画】** ●どのようにすれば予想したことを確かめることができるのか、条件を制御することに着目して、実験の計画を話し合う。
⑩⑪ 成長に必要な条件を調べる（2時間） ● 計画に沿い実験を行い、植物の成長に必要な条件をまとめる。	**【考察】** ●予想したことと実験結果を比較し、植物の成長に必要な条件を話し合う。

■アクティブ・ラーニングの実際例■

活動事例❶　学習問題を見いだす場面（1時間目／全11時間）

1. これまで植物を育てた経験を振り返り、発芽したときの様子について話し合う。
2. 発芽にはどのような条件が必要か、植物を育てた経験を根拠にして考えをグループで話し合う。
3. グループで話し合った発芽に必要な条件を全体で分類・整理して、学習問題を設定する。

ここがポイント

児童は、これまで春になると土に種子をまき、水を与える活動を繰り返し経験しています。しかし、発芽するためにはどのような条件が必要なのか、考えたことはないと思われます。そこで、これまで植物を育てた経験を根拠とし、話し合うことを通して、これから主体的・協働的に植物の発芽や成長について調べていくことができるように問題を設定していきます。

活動事例❷　計画を立てる場面（4時間目／全11時間）

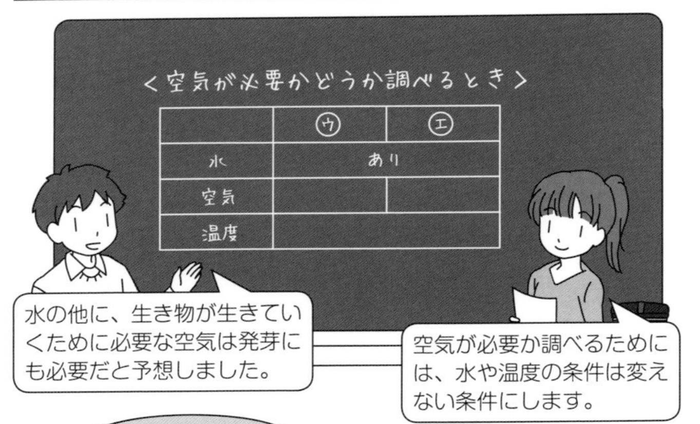

1. 予想した条件を確認する。
2. 予想した条件が必要か確かめるためには、どのような計画を立てたらよいかペアで話し合う。
3. 全体で変える条件、変えない条件を表などで整理し、実験に対する見通しをもてるようにする。

ここがポイント

児童が主体的に実験を行えるように、予想したことを確かめるためにはどのような実験をすればよいか、計画を話し合います。その際、変える条件、変えない条件に着目することが必要であることを、話し合いを通して確かめていきましょう。このように計画を十分に話し合い、見通しをもって実験を行うことが、主体的に考察していくことにつながります。

5年B（1）
植物の実や種子のでき方

（全８時間）

■ 何を学ぶか（単元のねらい）■

- 植物の結実の様子について興味・関心をもって追究する。
- 植物の受粉と結実が関係していることについて条件を制御して調べる能力を育て、それらについて理解する。
- 生命を尊重する態度を育て、植物の結実とその条件についての見方や考え方をもてるようにする。

■ 何ができるようになるか（評価の観点）■

① 自然事象に関する知識・技能

- 花のつくりや花粉などを、顕微鏡などを適切に操作して観察できる。
- 植物の発芽から結実までの過程とその変化に関わる条件、花のつくりや花粉などについて調べ、その過程や結果を記録できる。
- 花にはおしべやめしべなどがあり、花粉がめしべの先につくとめしべのもとが実になり、実の中に種子ができることを理解できる。

② 科学的な思考力・判断力・表現力

- 植物の結実について予想や仮説をもち、条件に着目して観察や実験を計画し、表現できる。
- 植物の発芽から結実までの過程とその変化に関わる条件を関係づけて考察し、自分の考えを表現できる。

③ 自然事象に対する主体的な学習態度

- 植物の結実の様子に興味･関心をもち、自らそれらの変化に関わる条件を調べることができる。
- 植物の結実の様子に生命のたくみさを感じ、それらを調べることができる。

■ どのように学ぶか（アクティブ・ラーニングの要点）■

- 個々の児童が、これまで植物を育てた経験を思い出し、実のでき方を予想し、その予想を確かめるために花のつくりの観察を行う。
- 友達と協力し、計画に沿った実験を行い、結実の条件を導き出す。
- 受粉が結実に必要かどうか調べるために条件を制御し実験を行う計画を考え、結果の予想を話し合うことを通して、主体的に実験を行う。
- 結果をグループや全体で話し合い、結実までの過程に関わる条件について全体で考えを共有する。

■指導計画（全８時間）■

おもな学習活動	中心となるアクティブ・ラーニングの視点
◆第１次　花のつくり	**（４時間）**
①　花が咲いてから実や種子になるまで（１時間） ●　花が咲いてから実や種子になるまでの順序や花のつくりについて話し合う。	**【問題の発見】** ●これまで植物を育てた経験をもとに種子ができるまでの様子を話し合い、学ぶ問題を発見する。
②　アサガオの花のつくり（１時間） ●　アサガオの花のつくりを観察する。	**【観察・実験】** ●実や種子がどこで、どのようにできるのかという視点をもって観察を行い、結果を図などに表す。
③　おしべとめしべ（１時間） ●　花が開く前と開いたあとの、おしべとめしべを調べる。	**【考察】** ●花が開く前とあとを比較して、どのようなことがいえるか、グループや全体で話し合う。
④　花粉の観察（１時間） ●　アサガオの花粉を観察する。	**【観察・実験】** ●顕微鏡を操作しながら、アサガオや他の植物の花粉を観察し、それぞれの花粉を比較する。
◆第２次　受粉の役割	**（３時間）**
⑤⑥　受粉と実のでき方（２時間） ●　受粉すると、実ができるか調べる方法を考え、受粉の役割について調べる。	**【予想・仮説】** ●第１次までに学習したことをもとに話し合い、実ができるためには、受粉することが必要だろうという予想をもつ。 **⇒活動事例❶**
⑦　受粉の役割（１時間） ●　実験の結果から、受粉の役割についてまとめる。	**【考察】** ●実験結果からどのようなことがいえるのか、グループや全体で話し合う。 **⇒活動事例❷**
◆第３次　生命のつながり	**（１時間）**
⑧　動物と植物の生命のつながり（１時間） ●　生物の生命のつながりについて、これまでの学習を振り返り、動物と植物を比べながら話し合う。	**【考察】** ●これまで学習した植物と動物の育つ様子を、写真や観察カードを比較し、話し合う。話し合いを通して児童一人ひとりが生物の生命のつながりについて考え、表現する。

■アクティブ・ラーニングの実際例■

活動事例❶　予想・仮説を立てる場面（5時間目／全8時間）

1. メダカや人は受精すると子どもが生まれたこと、花が開いたあとのめしべの先に花粉がついていたことなどを根拠に予想をする。
2. 「受粉をすると実ができるだろう」、「受粉をさせないと実はできないだろう」という実験の結果の予想をグループで話し合う。
3. グループで話し合ったことを全体で共有化する。

ここがポイント

「受粉すると結実し、受粉しないと結実しないだろう」という予想や仮説を話し合います。実験を行うと、どのような結果になるか話し合うことを通して、結果からどのようなことがいえるのかを主体的に考えることができるようになります。

活動事例❷　考察をする場面（7時間目／全8時間）

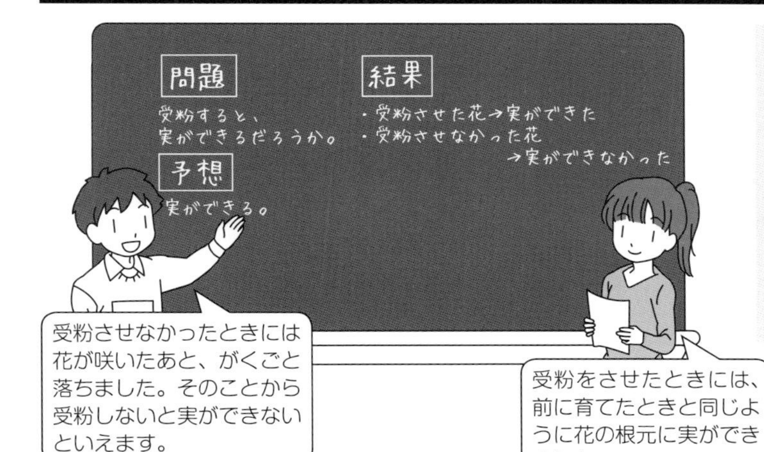

1. 児童一人ひとりが結果からどのようなことがいえるか、予想や仮説を振り返りながら考察をする。
2. 考察をグループで話し合う。
3. グループで話し合った結果を全体に発表する。

ここがポイント

考察をする場面では、自分の予想や仮説をもとに実験した結果を、全体やグループなどで結果を整理し分析して話し合い、結論を導き出すようにしましょう。

5年B （2）
メダカのたんじょう

（全９時間）

■ 何を学ぶか（単元のねらい）■

- 動物の発生や成長について興味・関心をもって追究する。
- 動物の発生や成長について推論しながら追究する能力を育て、それらについて理解する。
- 生命を尊重する態度を育て、動物の発生や成長についての見方や考え方をもてるようにする。

■ 何ができるようになるか（評価の観点）■

① 自然事象に関する知識・技能

- 魚を育てたり、魚の卵の内部の変化の様子や水中の小さな生物を顕微鏡などを操作したりして、それらを継続的・計画的に観察できる。
- 魚の卵の内部の変化の様子や水中の小さな生物を観察し、その過程や結果を記録できる。
- 魚には雄雌があり、生まれた卵は日がたつにつれて中の様子が変化してかえることを理解できる。
- 魚は、水中の小さな生き物を食べ物にして生きていることを理解できる。

② 科学的な思考力・判断力・表現力

- 動物の発生や成長について予想や仮説をもち、条件に着目して観察を計画し、表現できる。
- 動物の発生や成長とその変化に関わる時間を関係づけて考察し、自分の考えを表現できる。

③ 自然事象に対する主体的な学習態度

- 魚の卵の内部の様子や水中の小さな生物に興味・関心をもち、自らそれらの変化や成長を調べることができる。
- 卵の内部の変化の様子に生命の神秘さを感じ、生命の連続性を調べることができる。

■ どのように学ぶか（アクティブ・ラーニングの要点）■

- グループでメダカを継続的に飼育していくことで、主体的・協働的に体のつくりのちがいや卵の中の変化などの視点に気づく。
- メダカの雄雌の体形の違いや生態について、友達と観察記録を見合ったり、話し合ったりして考察する。
- 解剖顕微鏡や双眼実体顕微鏡を適切に操作してメダカの卵を継続的に観察し、その変化の様子をとらえる。
- 観察の結果をグループや全体で話し合ったり、発表したりする。

■ 指導計画（全９時間）■

おもな学習活動	中心となるアクティブ・ラーニングの視点
◆第１次　メダカの卵の変化　（6時間）	
①②　メダカの飼育（2時間）	
●　メダカを飼育していて気づいたことや疑問に思ったことを話し合う。	**【問題の発見】** ●メダカを飼育していて気づいたことや疑問に思ったこと、今後どのようにしていきたいかを自分の考えを明確にして、学ぶ問題を発見する。 **⇒活動事例❶**
●　メダカの体形の違いから、雄と雌を見分ける。	
③④⑤⑥　メダカの卵（4時間）	
●　双眼実体顕微鏡や解剖顕微鏡の使い方を知る。	**【観察・実験】** ●双眼実体顕微鏡や解剖顕微鏡を適切に操作し、観察する。
●　メダカの卵を継続観察する。	**【予想・仮説】** ●卵がどのように変化していくか自分の考えをもって話し合い、互いの考えを共有する。 **【考察】** ●メダカの発生や成長とその変化に関わる時間を関係づけて考察し、自分の考えを表現し、全体で話し合う。
◆第２次　水の中の小さな生物　（3時間）	
⑦⑧　水の中の小さな生物（2時間）	
●　顕微鏡の使い方を知る。	**【観察・実験】** ●顕微鏡を適切に操作し、観察する。
●　メダカの食べ物を調べる。	**【観察・実験】** ●児童が個々で見つけた生き物を全体で共有し、池や川の水の中にはメダカの食べ物となる多くの種類の小さな生き物がいることをとらえる。
⑨　メダカの産卵（1時間）	
●　メダカの産卵の様子の映像を見て、自分や友達の観察カードやノートを振り返り、メダカの体形の違いや飼育環境について考えがもてるようにする。	**【考察】** ●今までの観察をもとに、メダカの体形の違いや飼育環境について、それぞれの考えを全体で話し合う。 **⇒活動事例❷**

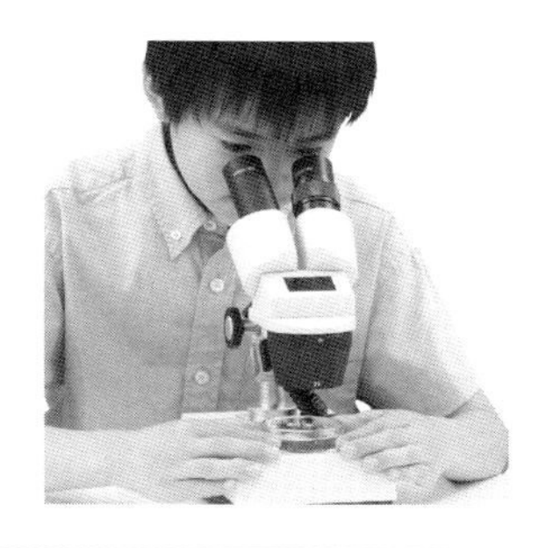

■ アクティブ・ラーニングの実際例 ■

活動事例❶　学習問題を見いだす場面（１時間目／全９時間）

1. メダカが入っている水槽を見て、気づいたことをグループで話し合う。
2. 気づいたことをもとに調べてみたいことをグループで話し合い、カードに書く。
3. グループで出た調べたいことを全体で分類・整理して学習問題を設定する。

ここがポイント

児童は、生き物に興味をもっていますが、特に動いている動物をじっくり見たり、細かな部分を見たりした経験は少ないようです。そのため、まずじっくり観察する時間を確保し、グループで話し合うことでたくさんの気づきを出させます。調べてみたいことを全体で分類・整理し、学習問題を設定しましょう。

活動事例❷　考察をする場面（９時間目／全９時間）

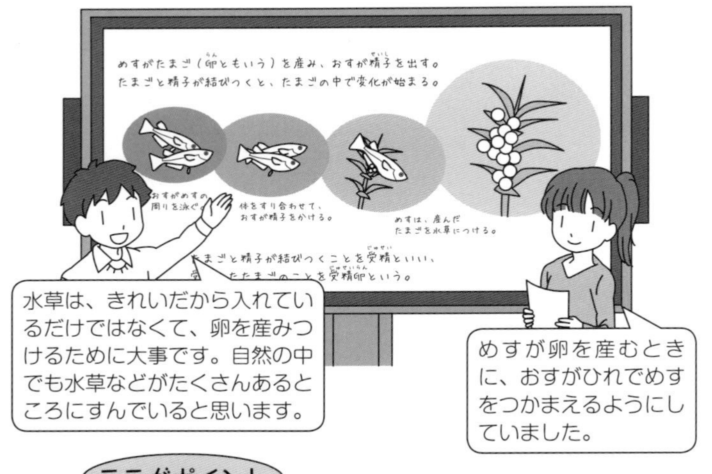

1. 映像を見て、児童一人ひとりが、産卵に適した環境について考える。
2. ペアで話し合って、自分の考えをまとめる。
3. 自分たちの考えを全体に発表する。

ここがポイント

考察をする場面で、場面によってはペアで意見を交流することも有効です。結論を導き出すとともに、さらに発展的な内容にも興味・関心を高めることができるようにしましょう。

5年B （2）
人のたんじょう

（全６時間）

■ 何を学ぶか（単元のねらい）■

- 人の発生や成長について興味・関心をもって追究する。
- 人の発生や成長について推論しながら追究する能力を育てるとともに、それらについて理解する。
- 生命を尊重する態度を育て、人の発生や成長についての見方や考え方をもてるようにする。

■ 何ができるようになるか（評価の観点）■

①　自然事象に関する知識・技能

- 人が母体内で成長していく様子を、映像資料や模型などを活用して調べ、その過程や結果を記録できる。
- 人は、母体内で成長して生まれることを理解できる。

②　科学的な思考力・判断力・表現力

- 人の母体内の成長とその変化に関わる時間を関係づけて考察し、自分の考えを表現できる。

③　自然事象に対する主体的な学習態度

- 人の母体内での成長の様子に興味・関心をもち、自らそれらの変化や成長を調べることができる。
- 人の母体内での成長の様子に生命の神秘さを感じ、それらの生命の連続性を調べることができる。

■ どのように学ぶか（アクティブ・ラーニングの要点）■

- 児童の身近な人（地域、保護者、教員）から妊娠中のときの話を聞くなどの活動を通して、主体的に調べていく気持ちをもつ。
- 胎児の成長や子宮の様子について様々な方法（本、映像、模型、保健室の先生に話を聞くなど）で調べる。
- 胎児の大きさを感じる活動を取り入れることで、人の成長の様子やその神秘さを感じる。

■ 指導計画（全６時間）■

おもな学習活動	中心となるアクティブ・ラーニングの視点
◆第１次　母親のおなかの中での子どもの成長　（６時間）	
① 子どもの誕生（１時間） ● 身近な人（地域、保護者、教員）から、赤ちゃんがおなかにいるときの話を聞く。	**【問題の発見】** ●身近な人の話を聞いたり質問をしたりする関わりを通して、人の誕生について話し合い、学ぶ問題を発見する。 **⇒活動事例❶**
② 母親の胎内の子ども（１時間） ● 人の子どもは母親の胎内でどのように成長していくのか、予想を立てて話し合う。	**【予想・仮説】** ●メダカの成長の様子をもとに、どのように成長していくのか予想を立て、図や言葉で表現し、全体で話し合う。
③④⑤ 胎児の成長（３時間） ● 胎児の成長や母親の子宮の中の様子について調べてまとめる。	**【観察・実験】** ●胎児の成長や子宮の様子について様々な方法（本、映像、模型、保健室の先生に話を聞くなど）で調べる活動を行う。 ●グループで相談しながら、その過程や結果を図や言葉で表し、発表の準備をする。
● 胎児の成長や母親の子宮の様子について調べたことを全体に発表する。	**【考察】** ●人の母体内の成長とその変化に関わる時間を関係づけて考察し、自分の考えを表現するとともに互いの考えを共有する。
⑥ 胎児の大きさ（１時間） ● 胎児の成長過程における身長や体重の変化の様子を調べる。	**【考察】** ●身長や体重の数値を表やグラフにまとめ、話し合うことで、胎児が著しく成長していることを感じ取る。 **⇒活動事例❷**

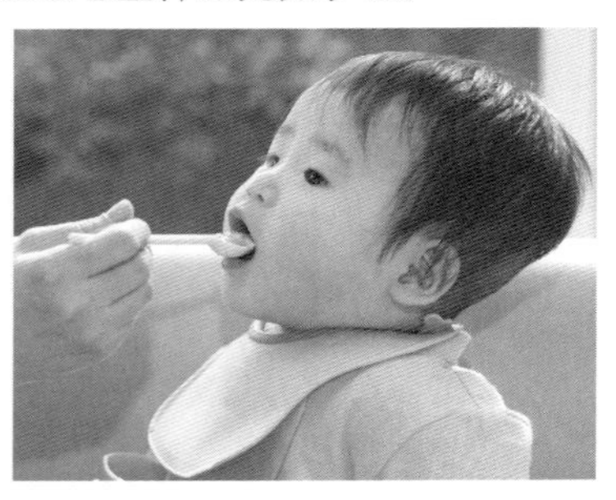

■アクティブ・ラーニングの実際例■

活動事例❶ 学習問題を見いだす場面（1時間目／全6時間）

1. 赤ちゃんがいる母親から話を聞き、感想や気づいたことを話し合う。
2. 疑問に思うことを話し合い、カードに書く。
3. グループで整理・分類したカードをまとめ、全体の学習問題を設定する。

ここがポイント

保護者や地域の方々と連携し、妊娠中の方にゲストティーチャーに来てもらう場を設定することで、その後の主体的な調べ学習につなげられるようにします。映像資料や模型なども効果的に活用し、児童が実感を伴って考えられるようにして、調べたい問題を発見できるような話し合いの場にしましょう。

活動事例❷ 考察をする場面（6時間目／全6時間）

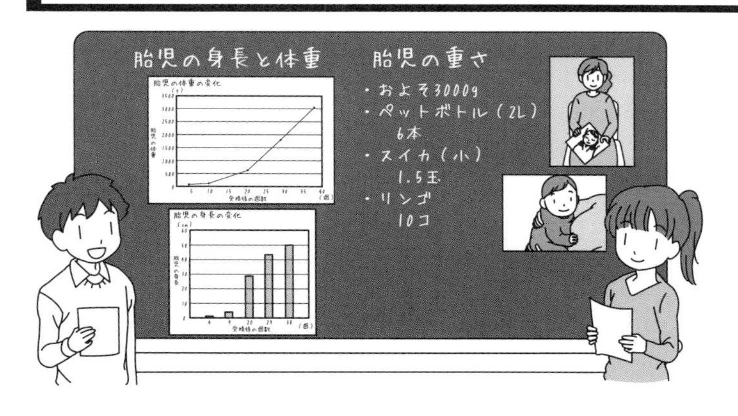

1. 児童一人ひとりが数値をグラフ化する。
2. グループで話し合いながら、胎児の重さと同じくらいのものを探す。
3. グラフの例の提示を見合ったり、グループで話し合った結果を紹介し合ったりする。

ここがポイント

データを表やグラフに表すことで成長の様子を感じ取りやすくします。また、重さなどはグループで相談し、身近なものに置き換えて考えることで実感をもって理解しやすくしましょう。

5年B （3）

流れる水のはたらき

（全13時間）

■ 何を学ぶか（単元のねらい）■

● 地面を流れる水や川の働きについて興味・関心をもって追究する。

● 流水の働きと土地の変化の関係について条件を制御して調べる能力を育て、それらについて理解する。

● 流水の働きと土地の変化の関係についての見方や考え方をもてるようにする。

■ 何ができるようになるか（評価の観点）■

① 自然事象に関する知識・技能

● 流れる水の速さや量の変化を調べる工夫をし、モデル実験の装置を操作し、計画的に実験をすることができる。

● 安全で計画的に野外観察を行ったり、映像資料などを活用して調べたりすることができる。

● 流れる水と土地の変化の関係について調べ、その過程や結果を記録できる。

● 流れる水には、土地を侵食したり、石や土などを運搬したり堆積させたりする働きがあることを理解できる。

● 川の上流と下流によって川原の石の大きさや形に違いがあることを理解できる。

● 雨の降り方によって、流れる水の速さや水の量が変わり、増水により土地の様子が大きく変化する場合があることを理解できる。

② 科学的な思考力・判断力・表現力

● 流れる水と土地の変化の関係について予想や仮説をもち、条件に着目して実験を計画し、表現できる。

● 流れる水と土地の変化を関係づけたり、野外での観察やモデル実験で見いだしたきまりを実際の川に当てはめたりして考察し、自分の考えを表現できる。

③ 自然事象に対する主体的な学習態度

● 地面を流れる水や川の流れの様子、川の上流と下流の川原の石の違いに興味・関心をもち、自ら流れる水と土地の変化の関係を調べることができる。

● 増水で土地が変化することなどから自然の力の大きさを感じ、川や土地の様子を調べることができる。

■どのように学ぶか（アクティブ・ラーニングの要点）■

- 個々の児童が、流れる水と土地の変化の関係について自分の考えをもち、それらを友達と話し合ったり、協力してモデル実験をして調べたりする主体的な活動を行う。
- 友達と話し合いながら、条件を整えて実験を行うことで、流れる水には、土地を侵食したり、石や土などを運搬したり堆積させたりする働きがあることをとらえる。
- 流れる水と土地の変化について調べたことを、グループや全体で話し合う活動を取り入れ、学びを深める。
- 川原の石の大きさについて調べたことを、表やカードにまとめながら、川の上流と下流によって川原の石の大きさや形に違いがあることをとらえる。

■指導計画（全13時間）■

おもな学習活動	中心となるアクティブ・ラーニングの視点
◆第1次　流れる水の働き（7時間）	
①　川の水の働き（1時間） ● 増水前後の川の様子について話し合う。	**【問題の発見】** ●写真などから、川の流れる水の量や川の水の色などについて話し合い、学ぶ問題を発見する。
②③④　流れる水の働き（3時間） ● 流れる水には、どのような働きがあるか、水の量が増えると、流れる水の働きはどうなるか、予想する。	**【予想・仮説】** ●流れる水の速さと土地の削られ方、土のたまり方に着目し、グループや全体で図や言葉で表現する。 **⇒活動事例❶**
● 小さな流れをつくって、流れる水の働きを調べる計画を立てる。	**【計画】** ●予想をもとにして、川の流れをどのようにつくればよいか、水の量をどう調整したらよいかを考え、話し合う。
● 流れる水の働きや水の量を増やしたときの流れる水の働きを調べる。	**【考察】** ●実験の結果から、流れる水の働きについてグループで話し合い、全体に発表する。
⑤⑥⑦　川での観察と実験（3時間） ● 実際に川に行って、これまで学習したことを調べる。	**【観察・実験】** ●安全に気をつけ、川の様子をモデル実験の結果をもとに、実験したり観察したりする。

おもな学習活動	中心となるアクティブ・ラーニングの視点

◆第２次　川の上流の石と下流の石　（２時間）

⑧⑨　川の上流の石と下流の石（２時間）

● 上流の石と下流の石では、どのような違いがあるか、どうしてこのような違いができたのかを考える。

【考察】

●上流と下流の石の様子がわかる資料や写真をそれぞれカードにかき出し、川の俯瞰図などの図を活用して話し合い、整理する。

上流

下流

◆第３次　流れる水と変化する土地　（２時間）

⑩⑪　川の水の量と土地の様子（２時間）

● 川の水の量が増えるのはどんなときか、川の水の量が増えると流れる水の働きで土地の様子はどうなるか考える。

【計画】

●これまでの学習や予想をもとに、調べる資料や実験方法、結果の表し方などを考え、グループで話し合い、調べ方を全体に発表する。

⇒活動事例❷

◆第４次　川とわたしたちの生活　（２時間）

⑫⑬　洪水に備える工夫（２時間）

● 洪水のときの様子や洪水に備える工夫などを調べる。

【考察】

●洪水のときの様子や洪水に備える工夫について、これまでの学習や資料、モデル実験などから、自分の考えを友達に説明する。

■アクティブ・ラーニングの実際例■

活動事例❶　予想・仮説を立てる場面（2時間目／全13時間）

1. 流れる水には、どのような働きがあるのか、流れる水の量が増えると流れる水の働きはどうなるか、グループで付箋を使って考えを整理・分類する。
2. グループで話し合った結果を全体で話し合う。
3. 流れる水の働きについての予想を全体で集約する。

ここがポイント

予想する場面では、自分のもった考えをもとに、グループから全体へと話し合いを広げ、考えを整理・分類できるようにします。そうした活動から問題をより主体的・協働的に解決していくことができるようにしていきましょう。

活動事例❷　計画を立てる場面（10時間目／全13時間）

1. 川の水の量が増えるのは、どのようなときか、児童一人ひとりが考える。
2. 川の水の量が増えると、流れる水の働きで土地の様子はどうなるか、グループで話し合って考えをまとめる。
3. 予想をもとに、どのような資料で調べればよいか全体で話し合う。

ここがポイント

計画を立てる場面では、自分やグループ、全体で整理・分類した予想をもとに、どのように調べていくかを話し合い、結論までの見通しをもたせるようにしましょう。

5年B（4）

天気の変化

（全12時間）

■ 何を学ぶか（単元のねらい）■

- 天気の変化について興味・関心をもって追究する。
- 気象情報を生活に活用する能力を育て、それらについて理解する。
- 天気の変化についての見方や考え方をもてるようにする。

■ 何ができるようになるか（評価の観点）■

① 自然事象に関する知識・技能

- 雲の様子を観察するなど天気の変化を調べる工夫をし、気象衛星やインターネットなどを活用して計画的に情報を収集できる。
- 雲の量や動きなどを観測し、その過程や結果を記録できる。
- 雲の量や動きは、天気の変化と関係があることについて理解できる。
- 天気の変化は、映像などの気象情報を用いて予想できることを理解できる。

② 科学的な思考力・判断力・表現力

- 天気の変化と雲の量や動きなどの関係について予想や仮説をもち、条件に着目して観察を計画し、表現できる。
- 天気の変化と雲の量や動きなどを関係づけて考察し、自分の考えを表現できる。

③ 自然事象に対する主体的な学習態度

- 天気の変化などの気象情報に興味・関心をもち、自ら雲の量や動きを観測したり、気象情報を収集したりして天気を予想することができる。
- 雲の様子や気象情報をもとにした天気の予想を日常生活で活用することができる。

■ どのように学ぶか（アクティブ・ラーニングの要点）■

- 個々の児童が、じっくりと雲の様子を観察したり、気象情報を集めたりする主体的な活動を行う。
- それぞれに調べたデータを持ち寄り、友達と話し合いながら学びを深め、雲の量や動きは、天気の変化と関係があることをとらえる。
- 天気の予想については、グループで話し合い、どの気象情報から明日の天気を予想するか計画する。
- ホワイトボードなどを用いて、グループや全体で話し合い、児童一人ひとりの考えを明確にする。

■指導計画（全12時間）■

おもな学習活動	中心となるアクティブ・ラーニングの視点
◆第１次　天気と雲　（5時間）	
①　雲の様子と天気（1時間） ●　雲の様子と天気との関係について話し合う。	**【問題の発見】** ●雲の写真やこれまでの知識や経験を話し合うなかで、学ぶ問題を発見する。
②③④⑤　雲の様子と天気の関係（4時間） ●　雲の様子と天気を観察して、天気の変わり方を調べる。	**【観察・実験】** ●午前と午後の天気と雲の様子を観察し、記録用紙に観察記録をまとめて整理する。
●　雲の様子と天気との関係についてまとめる。	**【考察】** ●天気と雲の量や動きを関係づけてグループで話し合い、考えをまとめる。
◆第２次　天気の変わり方　（4時間）	
⑥⑦　天気の変化（2時間） ●　天気がどのように変わっていくかを調べる方法を考える。気象情報をもとに天気の変化を調べる。	**【計画】** ●天気予報などで見たことのある気象情報などを話し合い、計画を立てる。
●　天気の変わり方についてまとめる。	**【考察】** ●様々な気象情報を表や図に表し、関係づけてグループで話し合い、全体に発表する。
⑧⑨　天気の予想（2時間） ●　気象情報をもとに、明日の天気を予想する。	**【計画】** ●既習事項をもとに、どのようにすれば明日の天気が予想できるかグループで話し合い、計画書などを作成する。 **⇒活動事例❶**
◆第３次　台風の接近と天気　（3時間）	
⑩⑪⑫　台風の接近と天気（3時間） ●　台風が接近したときの天気の変化について話し合う。	**【問題の発見】** ●春の天気の変わり方や今までの経験をもとに話し合い、学ぶ問題を発見する。
●　台風が近づいたときの、天気の変わり方を調べる。 ●　調べた結果から、台風はどのように動くか、台風の動きによって、天気はどのように変わるかについてまとめる。	**【考察】** ●雲画像と雨量や風の強さを関係づけてグループで話し合い、全体に発表する。 **⇒活動事例❷**

■ アクティブ・ラーニングの実際例 ■

活動事例❶　計画を立てる場面（8 時間目／全 12 時間）

1. 天気を予想するために必要な気象情報を考え、カードに書く。
2. どのような気象情報を使って天気を予想するか話し合う。
3. 話し合ったことをもとに、グループで天気を予想するための計画書を作成する。
4. グループで話し合ったことを全体に発表する。

ここがポイント

今まで調べてきた様々な気象情報のうち、どれを用いて明日の天気を予想するのかをそれぞれのグループごとに話し合います。「この気象情報からはこういうことがわかるので～」「このときは、このように天気が変わったので～」など、前時までの経験をふまえながら根拠をもって話し合いができるようにしましょう。

活動事例❷　考察をする場面（12 時間目／全 12 時間）

1. グループごとに調べた台風の動きを、日本地図上にペンで書いたものと被害の写真を見て、どのようなことがいえるか考える。
2. グループで話し合って考えをホワイトボードなどにまとめる。
3. グループで話し合ったことを発表する。

ここがポイント

考察をする場面では、自分のグループの結果だけでなく、他のグループの結果も合わせて考えることで、いえることといえないことが確かになります。南の海上で台風が発生しているとはいえそうだが、進路は北に限らず西や東に進むこともあることなど話し合う中で、結果を整理し、分析して結論を導き出すことができるようにしましょう。

6年A （1）

ものの燃え方

（全８時間）

■ 何を学ぶか（単元のねらい）■

- 物の燃焼のしくみについて興味・関心をもって追究する。
- 物の燃焼と空気の変化とを関係づけて、物の質的変化について推論する能力を育て、それらのしくみについての理解を図る。
- 燃焼のしくみについての見方や考え方をもてるようにする。

■ 何ができるようになるか（評価の観点）■

① 自然事象に関する知識・技能

- 植物体が燃える様子を調べる工夫をし、気体検知管や石灰水などを適切に使って、安全に実験できる。
- 植物体の燃焼の様子や空気の性質を調べ、その過程や結果を記録できる。
- 植物体が燃えるときには、空気中の酸素が使われて二酸化炭素ができることを理解できる。

② 科学的な思考力・判断力・表現力

- 物の燃焼と空気の変化を関係づけながら、物の燃焼のしくみについて予想や仮説をもち、推論しながら追究し、表現できる。
- 物の燃焼と空気の変化について、自ら行った実験の結果と予想や仮説を照らし合わせて推論し、自分の考えを表現できる。

③ 自然事象に対する主体的な学習態度

- 植物体を燃やしたときに起こる現象に興味・関心をもち、自ら物の燃焼のしくみを調べることができる。
- 物の燃焼のしくみを適用し、身の回りの現象を見直すことができる。

■ どのように学ぶか（アクティブ・ラーニングの要点）■

- 友達と対話したり調べ合ったりしながら学びを深め、植物体が燃えるときには、空気中の酸素が使われて二酸化炭素ができることをとらえる。
- 考察の場面では、物の燃焼と空気の変化について推論し、自分の考えを表現するために図を使って表現し、グループや全体で話し合う。

■ 指導計画（全８時間）■

おもな学習活動	中心となるアクティブ・ラーニングの視点

◆第１次　物の燃え方と空気　（５時間）

①　木や紙の燃える様子（１時間）

● 物が燃えるときに必要なものや、燃えたあとにできるものについて話し合う。燃えている木などを缶に入れてふたをし、様子を調べる。

【問題の発見】
●物を燃やしたときの経験や生活の中で火を使うときの様子を話し合い、物を燃やすことのイメージをふくらませて、学ぶ問題を発見する。

②③　びんの中で燃える様子（２時間）

● びんの中のろうそくが燃える様子を調べる。
● 物が燃え続けるのに、何が必要かを考える。

【予想・仮説】
●これまでの学習や経験から、びんの中で物が燃え続けるためにはどのようにすればよいか、物の燃焼と空気の動きを関係づけながら、図や言葉を使って表現する。

【考察】
●びんの口をせまくしたとき、広くしたとき、びんの底に隙間をつくったときの実験の結果と予想を照らし合わせて自分の考えをもとにグループで推論し、全体に発表する。
⇒活動事例❶

④⑤　物を燃やす働きがある気体（２時間）

● 窒素、酸素、二酸化炭素の中で、ろうそくが燃えるか調べる。

【問題の発見】
●空気が窒素、酸素、二酸化炭素などの気体からできていることを知り、そのことから自分の予想・仮説をもち、グループで学ぶ問題を発見する。

◆第２次　ものが燃えるときの空気の変化　（３時間）

⑥⑦⑧　物が燃えたあとの空気（３時間）

● 物が燃える前と燃えたあとの空気の違いを調べる。
● 燃える前と燃えたあとの空気の変化から、燃えるしくみについて考える。

【予想・仮説】
●前時の実験から、酸素中でもろうそくは燃え続けるわけではなく、やがて火が消えた経験を確認し、そのことから考えをまとめ、予想・仮説を立て、全体で発表し、考えを整理する。

【考察】
●燃える前と燃えたあとの酸素と二酸化炭素の体積の割合の変化を図や言葉で表現し、全体に発表する。
⇒活動事例❷

■アクティブ・ラーニングの実際例■

活動事例❶　考察をする場面（3時間目／全8時間）

1. 実験の結果を発表する。
2. ①底をふさいだびんの口をせまくすると火が消える理由、②口を広くしたり、びんの底に隙間をつくったりすると火が燃え続ける理由の二つの観点からグループで話し合い、図を使って表現する。
3. びんの中で物が燃え続けるにはどうしたらよいか、グループで考えをまとめて発表する。

ここがポイント

グループで考察する場面では、話し合う観点を提示することで結果を整理し、分析しやすくして結論を導き出すようにしましょう。

活動事例❷　考察をする場面（8時間目／全8時間）

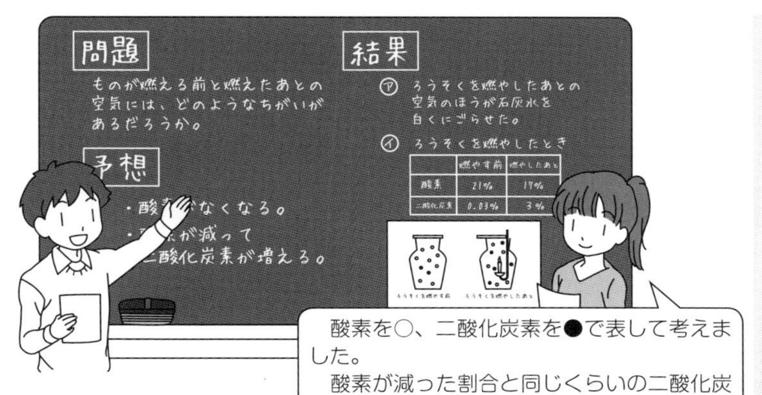

1. 実験の結果から、物が燃える前と燃えたあとでは空気が変化していることを確認する。
2. 児童一人ひとりが予想・仮説や実験の結果から、どのようなことがいえるか図を使って考える。
3. グループで話し合って考えをまとめ、発表する。

ここがポイント

一人ひとりの考察をグループで見せ合い、話し合って考えをまとめる過程で、それぞれの結果を整理し分析して全体で話し合い、結論を導き出すようにしましょう。

6年A （2）

水よう液の性質

（全 11 時間）

■ 何を学ぶか（単元のねらい）■

- いろいろな水溶液の性質や金属を変化させる様子について興味・関心をもって追究する。
- 水溶液の性質について推論する能力を育て、それらについて理解する。
- 水溶液の性質や働きについての見方や考え方をもてるようにする。

■ 何ができるようになるか（評価の観点）■

① 自然事象に関する知識・技能

- 水溶液の性質を調べる工夫をし、リトマス紙や加熱器具などを適切に使って、安全に実験できる。
- 水溶液の性質を調べ、その過程や結果を記録できる。
- 水溶液には、酸性、アルカリ性及び中性のものがあることを理解できる。
- 水溶液には、気体が溶けているものがあることを理解できる。
- 水溶液には、金属を変化させるものがあることを理解できる。

② 科学的な思考力・判断力・表現力

- 水溶液の性質や働きについて予想や仮説をもち、推論しながら追究し、表現できる。
- 水溶液の性質や働きについて、自ら行った実験の結果と予想や仮説を照らし合わせて推論し、自分の考えを表現できる。

③ 自然事象に対する主体的な学習態度

- いろいろな水溶液の液性や溶けている物及び金属を変化させる様子に興味・関心をもち、自ら水溶液の性質や働きを調べることができる。
- 水溶液の性質や働きを適用し、身の回りにある水溶液を見直すことができる。

■ どのように学ぶか（アクティブ・ラーニングの要点）■

- 友達と協力していろいろな水溶液を観察して違いを見いだしたり、予想したりしてリトマス紙を用いて液性を調べる。
- 水溶液に溶けている物を調べるために、蒸発乾固した蒸発皿の様子を調べたり、水溶液に石灰水を入れて反応を見たりして、結果をグループで共有する。
- アルミニウムが塩酸に溶けるときの様子を図に表すことで、結果の考察をし、説明する。
- 多くの薬品や器具を扱うことから、観察・実験のときには友達と協力し、安全に留意して行う。

■指導計画（全 11 時間）■

おもな学習活動	中心となるアクティブ・ラーニングの視点

◆第１次　酸性・中性・アルカリ性の水溶液　（4時間）

おもな学習活動	中心となるアクティブ・ラーニングの視点
① 水溶液の区別（1時間） ● いろいろな水溶液を区別するには、どうすればよいか話し合う。	**【問題の発見】** ●身の回りの水溶液の様子を観察し、違いを話し合い、学ぶ問題を発見する。
②③④ 酸性・中性・アルカリ性の水溶液（3時間） ● リトマス紙を使って、水溶液を酸性、中性、アルカリ性に分ける。	**【観察・実験】** ●グループで話し合いながら、液性を調べる。
● ムラサキキャベツ液を使って、水溶液の性質を調べる。	**【観察・実験】** ●リトマス紙以外でも液性を調べられることを知り、その変化をグループで協力して調べる。

◆第２次　気体が溶けている水溶液　（2時間）

おもな学習活動	中心となるアクティブ・ラーニングの視点
⑤⑥ 気体が溶けている水溶液（2時間） ● 炭酸水に溶けている物を調べる。	**【観察・実験】** ●炭酸水を熱したときの様子や炭酸水に石灰水を入れたときの様子を調べ、グループで話し合う。　**⇒活動事例❶**
● 炭酸水をつくる。	**【考察】** ●二酸化炭素が水に溶ける様子を図に表して、説明する。

◆第３次　金属を溶かす水溶液　（5時間）

おもな学習活動	中心となるアクティブ・ラーニングの視点
⑦⑧ 塩酸とアルミニウムや鉄（2時間） ● 塩酸にアルミニウムや鉄を入れ、それぞれの金属がどうなるかを調べる。	**【観察・実験】** ●実験器具を安全に使い、協力して実験する。結果を図と言葉に表す。
● 塩酸に溶けたアルミニウムがどうなったか、話し合う。	**【考察】** ●アルミニウムが溶けてどうなったのか、図を用いてグループ・全体で説明する。 **⇒活動事例❷**
⑨⑩ 塩酸に溶けたアルミニウム（2時間） ● アルミニウムの溶けた塩酸の中にアルミニウムがあるか調べる。	**【計画】** ●溶けたアルミニウムを取り出す方法をグループで話し合う。
⑪ 水酸化ナトリウムと金属（1時間） ● 水酸化ナトリウムの水溶液に金属を入れ、どうなるか調べる。	

■アクティブ・ラーニングの実際例■

活動事例❶　観察・実験をする場面（５時間目／全 11 時間）

1. 食塩水を蒸発させた蒸発皿と炭酸水を蒸発させた蒸発皿の写真を撮る。
2. 炭酸水に石灰水を入れたときの様子の写真を撮る。
3. 写真をもとに、炭酸水には何が溶けているかを話し合う。

ここがポイント

炭酸水には、二酸化炭素が溶けているということを聞いたことのある児童が多くいます。そのことについて実験を通して確かめていく場面です。蒸発皿の様子、炭酸水を石灰水に入れたときの様子を写真に撮り、他のグループの結果と比較しながら話し合うようにしましょう。

活動事例❷　考察をする場面（８時間目／全 11 時間）

1. 児童一人ひとりがアルミニウムが溶けたときの様子を図に表す。
2. グループで予想と実験の結果から自分の考えを発表する。
3. グループで話し合ったことをまとめ、全体に発表し整理する。

ここがポイント

ここでの考察は、次の実験の予想・仮説にもつながります。そのため、溶けたアルミニウムがどうなったのか、自分の考えをもつと同時に、友達の考えとしっかり交流させることが大切です。

6年A （3）
てこのはたらき

（全 10 時間）

■ 何を学ぶか（単元のねらい）■

- 生活に見られるてこについて興味・関心をもって追究する。
- てこの規則性について推論する能力を育て、それらについて理解する。
- てこの規則性についての見方や考え方をもてるようにする。

■ 何ができるようになるか（評価の観点）■

① 自然事象に関する知識・技能

- てこの働きを調べる工夫をし、てこの実験装置などを操作し、安全で計画的に実験やものづくりをすることができる。
- てこの働きの規則性を調べ、その過程や結果を定量的に記録できる。
- 水平につり合った棒の支点から等距離に物をつるして棒が水平になったとき、物の重さは等しいことを理解できる。
- 力を加える位置や力の大きさを変えると、てこを傾ける働きが変わり、てこがつり合うときにはそれらの間に規則性があることを理解できる。
- 身の回りには、てこの規則性を利用した道具があることを理解できる。

② 科学的な思考力・判断力・表現力

- てこがつり合うときのおもりの重さや支点からの距離を関係づけながら、てこの規則性について予想や仮説をもち、推論しながら追究し、表現できる。
- てこの働きや規則性について、自ら行った実験の結果と予想や仮説を照らし合わせて推論し、自分の考えを表現できる。

③ 自然事象に対する主体的な学習態度

- てこやてこの働きを利用した道具に興味･関心をもち、自らてこのしくみやてこを傾ける働き、てこがつり合うときの規則性を調べることができる。
- てこの働きを適用してものづくりをしたり、日常生活に使われているてこの規則性を利用した道具を見直したりすることができる。

■ どのように学ぶか（アクティブ・ラーニングの要点）■

- 砂袋を持ち上げたときの手ごたえの違いについて興味・関心をもって問題を見いだし、主体的に追究する活動を行う。
- 手ごたえをもとに考えた自分の予想から結果の見通しをもつ。
- 実験の条件を整理する必要があることに気づき、友達と話し合って計画を見直し、協力して実験ができる。

■指導計画（全10時間）■

おもな学習活動	中心となるアクティブ・ラーニングの視点
◆第１次　てこの働き（4時間）	
①　てこの３つの点（1時間） ●　棒をどのように使うと、小さな力で大きな力を出すことができるか話し合う。	**【問題の発見】** ●重い砂袋を直接持ち上げたり、棒を使って持ち上げたりして手ごたえの違いを十分に体感し、気づいたことを話し合うことで、学ぶ問題を発見する。
②③④　てこの３つの点と手ごたえ（3時間） ●　物を小さな力で持ち上げるにはどうすればよいか、調べる。	**【観察・実験】** ●変える条件と変えない条件、実験結果がわかるように表を用いて記録し、結果をグループで共有する。　**⇒活動事例❶**
◆第２次　てこの働きを利用した道具（1時間）	
⑤　てこの働きを利用した道具（1時間） ●　てこの働きを利用した道具の支点、力点、作用点を調べる。	**【調べる】** ●グループごとに身の回りにあるてこを利用した道具を探し、支点·力点·作用点に印をつけ、分類、整理し、表にまとめる。
◆第３次　てこのつり合いと傾き（5時間）	
⑥　てこの傾き（1時間） ●　実験用てこを使って、うでの傾きを調べる。	**【問題の発見】** ●指で押す、指で引く、おもりをつるす活動を個々に十分体感させ、友達と考えを話し合い、問題を見いだす。
⑦⑧　てこがつり合うときのきまり（2時間） ●　実験用てこがつり合うときには、どのようなきまりがあるのかを調べる。	**【観察・実験】** ●複数の児童で実験をする場合は、てこの操作·記録などの役割を交替しながら実験する。結果をグループで共有する。
●　実験結果から、てこがつり合うときのきまりについてまとめる。	**【考察】** ●実験の結果からどんなことがいえるか個々に考え、個の考えをグループで話し合い、全体でまとめる。 **⇒活動事例❷**
⑨⑩　ものづくり（2時間） ●　つり合いを利用しておもちゃを作る。	**【活用】** ●てこのどのような性質を利用したおもちゃか友達に説明する。

■アクティブ・ラーニングの実際例■

活動事例❶　観察・実験をする場面（3時間目／全10時間）

1. 支点と作用点の位置を固定し、力点の位置を変えて手ごたえの変化を調べる。交替をしながら全員が体感して、結果を自分の表現方法で個々に記録する。
2. 支点と力点の位置を固定し、作用点の位置を変えて手ごたえの変化を全員が調べる。
3. 自分の予想と手ごたえによって得た結果を照らし合わせて個々に推論し、グループで結果を整理し、共有化を図る。

ここがポイント

支点、力点、作用点の位置関係に着目することが重要です。計画通りに条件制御が行われているか、互いに確認したり役割を交替したりしながら実験を行います。結果は手ごたえによる個人の感覚なので、グループでの十分な共有が必要です。

活動事例❷　考察をする場面（8時間目／全10時間）

1. 結果をもとに、うでが水平になってつり合うときのきまりを整理し、一人ひとりが考える。
2. グループで発表し合い、自分の考えを主張したり、他の児童の考えに質問したりして、互いに理解を深めながら、グループとしての考えをまとめる。
3. グループごとの考察のまとめを全体で発表し合い、結論を導く。

ここがポイント

自分の予想、結果の見通しが結果と一致しているか、不一致なのかを判断し、妥当となる見方や考え方を見いだします。つり合いのきまりがかけ算で表されることに気づくようにうながします。グループで話し合い、各自の考察を修正、改善し、高めていきましょう。

6年A （4）

電気の性質とその利用

（全10時間）

■ 何を学ぶか（単元のねらい）■

- 生活に見られる電気の利用について興味・関心をもって追究する。
- 電気の性質や働きについて推論する能力を育て、それらについて理解する。
- 電気はつくったり蓄えたり変換したりできるという見方や考え方をもてるようにする。

■ 何ができるようになるか（評価の観点）■

① 自然事象に関する知識・技能

- 電気の性質や働きとその利用の仕方を調べる工夫をし、手回し発電機などを適切に使って、安全に実験できる。
- 電気の性質や働きを調べ、その過程や結果を定量的に記録できる。
- 電気は、つくりだしたり蓄えたりすることができることを理解できる。
- 電気は、光、音、熱などに変えることができることを理解できる。
- 電熱線の発熱は、その太さによって変わることを理解できる。
- 身の回りには、電気の性質や働きを利用した道具があることを理解できる。

② 科学的な思考力・判断力・表現力

- 電気の性質や働きとその利用について予想や仮説をもち、推論しながら追究し、表現できる。
- 電気の性質や働きとその利用について、自ら行った実験の結果や仮説を照らし合わせて推論し、自分の考えを表現できる。

③ 自然事象に対する主体的な学習態度

- 電気の利用の仕方に興味・関心をもち、自ら電気の性質や働きを調べようとしている。
- 電気の性質や働きを適用してものづくりをしたり、日常生活に使われている電気を利用した道具を見直したりすることができる。

■ どのように学ぶか（アクティブ・ラーニングの要点）■

- 手回し発電機でつくる電気が乾電池などの電気と同じ働きをするのかについて、学ぶ問題を主体的に発見できる。
- 友達と協力したり話し合ったりして実験の方法について学びを深め、電気は使う道具によって使われ方が違うことをとらえる。
- 友達と話し合ったり調べ合ったりしながら、それぞれが自分の予想や仮説をもち、実験をすることで、電熱線の太さによる発熱量の違いをとらえる。
- 結果をグループや全体で話し合う。

■ 指導計画（全 10 時間）■

おもな学習活動	中心となるアクティブ・ラーニングの視点
◆第１次　つくる電気・ためる電気（5 時間）	
① 生活と電気（1 時間） ● 生活の中で使われている電気がどのようにつくられているか、話し合う。	**【問題の発見】** ●生活の中のいろいろなところで、電気が利用されていることを話し合い、学ぶ問題を設定する。
② つくる電気（1 時間） ● 手回し発電機で、豆電球や発光ダイオードにあかりがつくか調べる。	**【観察・実験】** ●手回し発電機でつくる電気が乾電池などの電気と同じ働きをするのか、ペアで共通点や差異点を話し合い、表にまとめる。
③④ ためる電気（2 時間） ● 電気をためたコンデンサーで、豆電球がつくか調べる。	**【予想・仮説】** ●コンデンサーにためた電気が乾電池と同じ働きをするのか、予想・仮説をもつ。
⑤ 電気の使われ方（1 時間） ● 電気をためたコンデンサーで、豆電球と発光ダイオードのあかりのついている時間を調べる。	**【計画】** ●電気の使われ方の違いを調べる方法について話し合い、実験の計画をまとめる。 **⇒活動事例❶**
◆第２次　身の回りの電気の利用（1 時間）	
⑥ 身の回りの電気（1 時間） ● 電気は、どのようなものに変わる性質があるか調べる。	**【考察】** ●結果をもとにグループで話し合い、電気の変換について全体に発表する。
◆第３次　電気と熱（4 時間）	
⑦⑧ 発熱の様子（2 時間） ● 電熱線の太さによって、電熱線の発熱が変わるか調べる。	**【予想・仮説】** ●これまでの学習の内容や生活の経験を想起させ、図や言葉で表現する。 **⇒活動事例❷**
⑨⑩ ものづくり（2 時間） ● 電気の性質や働きを利用した物を考えて設計図を描き、ものづくりをする。 ● 作った物について、電気の性質や働きをどのように工夫したか友達に説明する。	**【考察】** ●電気の性質や働きをどのように利用したものか、友達に説明する。

■ アクティブ・ラーニングの実際例 ■

活動事例❶　計画を立てる場面（5 時間目／全 10 時間）

1. 手回し発電機の学習とコンデンサーの学習をもとに、一人ひとりが調べる方法について考える。
2. それぞれが考えた方法をグループで話し合い、自分の考えをまとめる。
3. グループで話し合った結果から自分の考えを発表し、他の児童の意見と比べながら実験の計画をまとめる。

ここがポイント

児童一人ひとりがそれぞれに実験の方法を考えて取り組むことで、進んで自分の考えを話したり、他者の考えを聞いたりする主体的・協働的な学びにつながります。

活動事例❷　予想や仮説を立てる場面（7 時間目／全 10 時間）

1. 児童一人ひとりが、問題から根拠をもとに予想や仮説を考え、カードに書く。
2. カードをもとにKJ法を使って、分類・整理して黒板に提示する。
3. 自分の考えを発表し、他の児童の意見と比べ、一人ひとりが実験の見通しをもつようにする。

ここがポイント

予想や仮説を児童一人ひとりが明確にもつことが、問題に対して主体的に学ぶことにつながります。今までの学習や生活での経験を根拠として考えをもち、それぞれが考えたことを発表し合う協働的な学びの場を設けることで、実験への見通しをもって次の活動にのぞむことができるようになります。

6年B（1）
体のつくりとはたらき

（全 11 時間）

■何を学ぶか（単元のねらい）■

- 人や他の動物の体のつくりについて興味・関心をもって追究する。
- 人や他の動物の体のつくりと働きについて推論する能力を育て、それらについて理解する。
- 生命を尊重する態度を育て、人や他の動物の体のつくりと働きについての見方や考え方をもてるようにする。

■何ができるようになるか（評価の観点）■

①　自然事象に関する知識・技能

- 指示薬や気体検知管、石灰水などを安全に使って呼気と吸気の違いを調べることができる。
- 映像資料や魚の解剖、模型などを活用して呼吸、消化、排出、循環などの働きを調べることができる。
- 人や他の動物を観察し、呼吸、消化、排出、循環などの働きを調べ、その過程や結果を記録できる。
- 体内に酸素が取り入れられ、体外に二酸化炭素などが出されていることを理解できる。
- 食べ物は、口、胃、腸などを通る間に消化、吸収され、吸収されなかった物は排出されていることを理解できる。
- 血液は、心臓の働きで体内を巡り、養分、酸素及び二酸化炭素を運んでいることを理解できる。
- 体内には生命を維持するための様々な臓器があることを理解している。

②　科学的な思考力・判断力・表現力

- 人や他の動物の体のつくりと呼吸、消化、排出、循環などの働きやその関わりについて予想や仮説をもち、推論しながら追究し、表現できる。
- 人や他の動物の体のつくりと呼吸、消化、排出、循環などについて、自ら調べた結果と予想や仮説と照らし合わせて推論し、自分の考えを表現できる。

③　自然事象に対する主体的な学習態度

- 人や他の動物の呼吸、消化、排出、循環などの働きに興味・関心をもち、自ら体の内部のつくりや働きを調べることができる。
- 人や他の動物の体のつくりや働きに生命のたくみさを感じ、それらの関係を調べることができる。

■どのように学ぶか（アクティブ・ラーニングの要点）■

- 個々の児童が、人や他の動物の体のつくりや働きについて推論し、予想、仮説を立てて主体的に追究する活動を行う。
- 友達と対話したり調べ合ったりしながら学びを深め、体内には生命を維持するための様々な臓器があることをとらえる。
- 友達と協力したり話し合ったりして、人や他の動物の体のつくりや働きを調べ、呼吸器、消化器、循環器のつくりや働きをとらえる。
- 予想や結果をもとに、グループや全体で話し合う。

■指導計画（全11時間）■

おもな学習活動	中心となるアクティブ・ラーニングの視点
◆第１次　吸った空気のゆくえ（４時間）	
①　人などの動物が生きるために必要な物（１時間） ●　人などの動物が生きていくために取り入れる物は何か、取り入れた物は体の中でどうなるかについて、話し合う。	**【問題の発見】** ●教科書の写真から必要な物を話し合い、学ぶ問題を発見する。 **⇒活動事例❶**
②　吸う空気とはいた空気の違い（１時間） ●　呼気と吸気の成分を調べる。	**【観察・実験】** ●気体検知管を適切に使って室内の空気の成分と呼気の成分をはかって記録し、表にまとめる。
③　肺のつくりと働き（１時間） ●　肺のつくりと働きを調べ、呼吸について調べる。	**【予想・仮説】** ●前時の実験やこれまでの経験などから、体のどの部分で呼吸しているかを一人ひとりが予想・仮説をもち、図や言葉で表現し、それをもとに話し合う。
④　呼吸のしくみ（１時間） ●　体の中のどの部分で酸素を取り入れ二酸化炭素を出しているか予想し、ICT 機器や図書を使って確かめる。	**【考察】** ●観察、実験の結果や資料をもとに、グループで話し合い、全体に発表する。

おもな学習活動	中心となるアクティブ・ラーニングの視点

◆第2次　食べ物のゆくえ　（3時間）

⑤　食べ物の変化（1時間）

● 食べ物がどのように体内で吸収され、どこで変わるのかを推論し、確かめる方法を話し合う。

【計画】

●口に入った食べ物が体の中でどのように変化し、吸収されてどこへ行くのかを一人ひとりが推論し、確かめ方について話し合う。

⇒活動事例❷

⑥⑦　消化、吸収のしくみと働き（2時間）

● 唾液の働きや胃、腸などのしくみと働きを実験や資料から調べる。

【調べる】

●調べた結果や調べたことを図や言葉で整理し表現する。

◆第3次　体をめぐる血液と働き　（4時間）

⑧　酸素や養分のゆくえ（1時間）

● 取り入れられた酸素や養分はどうやって体の中に運ばれているのか推論し、予想を立てて話し合う。

【予想・仮説】

●これまでに学習した呼吸や消化のしくみや生活のなかで経験したことから、予想・仮説をワークシートなどに図や言葉で表現する。

⑨⑩　血液の循環とはたらき（2時間）

● 血液がどこを通って全身に運ばれるのかを資料を使って調べる。また、血液や心臓、腎臓などの働きについて資料などを使って調べる。

● 血液の流れや心拍などを自分の体やメダカなどを使って観察する。

【観察・実験】

●実験、観察結果や調べたことと予想とを照らし合わせて推論し、自分の考えを伝えたりする。

⑪　人の体のつくりと働き（1時間）

● 調べたことをもとに、人や他の動物の体のつくりと働きをまとめ、発表する。

【考察】

●観察・実験の結果から、体のつくりと働きの関係を友達に説明する。

■アクティブ・ラーニングの実際例■

活動事例❶　学習問題を見いだす場面（1 時間目／全 11 時間）

1. 人や他の動物が食べている様子や空気を吸っている様子、水を飲んでいる様子の写真を提示し、日常生活の様子について話し合う。
2. 人や他の動物について、生きるためにはどのような物を取り入れなければならないか話し合う。
3. 気づいたことを一人ひとりがカードに書き、全体で出されたキーワードを分類・整理して学習問題を設定する。

ここがポイント

児童は、今までの生活経験から人が生きていくために必要な物を漠然とですが理解しています。ただ、生命を維持していくために必要な物として意識したことは多くはありません。そこで、教科書の写真を通して、生命を維持するために必要な項目を共通認識することで、問題を発見できるような主体的・協働的な活動ができるようにしましょう。

活動事例❷　計画を立てる場面（5 時間目／全 11 時間）

1. 児童一人ひとりが、食べ物が体の中でどのようになるのかを考え、予想する。
2. 予想をもとにグループで話し合って調べる内容と方法をまとめる。
3. グループで話し合った結果を発表し、計画をまとめる。

ここがポイント

計画をする場面では、自分がもった予想を証明するのに必要な資料や観察・実験の方法などについて、予想をもとにグループや全体などで話し合い、順序立てて行えるようにします。また、児童から出された計画に対応できる資料や実験のヒント、手順などを示せるように教師が準備しましょう。

6年B　(2)

植物の成長と日光・水の関わり

（全９時間）

■ 何を学ぶか（単元のねらい）■

- 植物の体内の水などの行方や葉で養分をつくる働きについて興味・関心をもって追究する。
- 植物の体内のつくりと働きについて推論する能力を育て、それらについて理解する。
- 生命を尊重する態度を育て、植物の体のつくりと働きについての見方や考え方をもてるようにする。

■ 何ができるようになるか（評価の観点）■

①　自然事象に関する知識・技能

- ヨウ素液などを適切に使って日光とでんぷんのでき方を比較したり、植物に着色した水を吸わせ、蒸散する水について実験したりして調べることができる。
- 植物を観察し、植物体内の水の行方や葉で養分をつくる働きについて調べ、その過程や結果を記録できる。
- 植物の葉に日光が当たるとでんぷんができることを理解できる。
- 根、茎及び葉には、水の通り道があり、根から吸い上げた水は主に葉から蒸散していることを理解できる。

②　科学的な思考力・判断力・表現力

- 日光とでんぷんのでき方との関係や植物の体内の水などの行方について予想や仮説をもち、推論しながら追究し、表現できる。
- 日光とでんぷんのでき方との関係や植物の体内の水などの行方について、自ら行った実験の結果と予想や仮説を照らし合わせて推論し、自分の考えを表現できる。

③　自然事象に対する主体的な学習態度

- 植物の体内の水などの行方や葉で養分をつくる働きに興味・関心をもち、自ら植物の体のつくりと働きを調べることができる。
- 植物体内の水の行方や葉で養分をつくる働きに生命のたくみさを感じ、それらの関係を調べることができる。

■ どのように学ぶか（アクティブ・ラーニングの要点）■

- 植物の体のつくりと働きについて興味・関心をもった問題を友達との共通体験や既習事項にもとづき話し合い、予想や計画を立てながら主体的に調べる。
- 既習学習で身につけた条件制御の考え方を用いながら友達と実験を計画する。
- 観察・実験を通して得られた結果を友達との話し合いを通して考察する。

■ 指導計画（全９時間）■

おもな学習活動	中心となるアクティブ・ラーニングの視点

◆第１次　成長と日光の関わり　（５時間）

おもな学習活動	中心となるアクティブ・ラーニングの視点
① 成長と日光の関わり（１時間） ● これまでの学習したことや経験したことをもとに、日光が植物の成長とどのように関わっているかを話し合う。	**【問題の発見】** ●５年で学習した植物の発芽と成長の学習や植物の栽培経験などをもとに全体で話し合い、学ぶ問題を発見する。
②③④⑤ 日光を当てた葉と当てなかった葉（４時間） ● 植物の葉に日光が当たると葉にでんぷんができるか、調べる方法を考える。	**【計画】** ●植物の葉に日光が当たるとでんぷんができるかを調べる方法を条件制御しながら考え、話し合う。 **⇒活動事例❶**
● 植物の葉に日光が当たるとでんぷんができるかどうか調べる。	**【考察】** ●実験結果からどのようなことがわかるのかグループで話し合い、全体に発表する。

◆第２次　成長と水の関わり　（４時間）

おもな学習活動	中心となるアクティブ・ラーニングの視点
⑥⑦ 根から取り入れられた水の行方（２時間） ● しおれた植物に水を与えると、もとに戻ることから、植物と水について気づいたことを話し合う。	**【問題の発見】** ●しおれた植物とその植物に水を十分に与えて元気になった様子を見て、全体で話し合い、学ぶ問題を発見する。
● 根から取り入れられた水がどこを通って体全体まで行き渡るか調べる。 **⑧ 葉からの蒸散（１時間）** ● 水が蒸散する葉の表面の様子を調べる。	**【考察】** ●実験の結果と既習事項から、水のゆくえについてどのようなことがいえるのかグループで話し合い、全体に発表する。 **⇒活動事例❷**
⑨ 葉の表面の様子（１時間） ● 根から取り入れられた水が、葉までいったあとどうなるか調べる。	**【予想・仮説】** ●前時の結論から「葉のどこから水蒸気となって出ていくのか」の問題をもち、全体で話し合い、予想を立てる。

■ アクティブ・ラーニングの実際例 ■

活動事例❶　計画を立てる場面（2時間目／全9時間）

葉にでんぷんがないことを確認してから、日光を当てる葉、当てない葉で、でんぷんができるかどうか調べる必要があるね。

葉は、3枚必要だと思う。1枚は、実験前にでんぷんがないことを確かめる葉。あとは、日光を当てる葉と当てない葉だね。

でんぷんのあるなしは、5年で学習したヨウ素液で調べればいいね。

1. 植物の葉に日光が当たるとでんぷんができるかどうかについて、実験をするときに変える条件と変えない条件をどのように設定するか全体で話し合う。
2. 3枚の葉にヨウ素液をつけたときの反応がどのような結果になると予想が正しいのか見通しをもてるよう話し合う。

ここがポイント

予想を検証する際、何が原因でそうなったのかを確定するために変える条件以外は、全て同じにします。ここでは葉にでんぷんがない状態の確認、日光の有無を確かめるための葉の確保や時間の見通しも含め具体的に計画する必要があります。図やフローチャートなどを用いて、わかりやすく話し合いができるようにしましょう。

活動事例❷　考察をする場面（8時間目／全9時間）

〈結果〉○…でんぷんがあった　×…でんぷんがなかった

	1	2	3	4	5	6	7
実験前	×	×	×	×	×	×	×
日光をあてる	○	○	○	○	○	△	○
日光をあてない	×	×	×	×	—	×	×

1. 実験結果の表から、まず児童一人ひとりどのようなことがいえるか考え、ノートに記述する。それをもとに、ペアで意見交流をする。
2. グループで話し合って考えをまとめ、全体に発表する。

ここがポイント

考察をする場面では、結果について自分の予想を振り返りながら分析し、まず、自分の考えをもたせましょう。そのあと、ペアやグループで話し合い、結論を導き出すようにしましょう。

6年B （3）

生物どうしの関わり

（全５時間）

■ 何を学ぶか（単元のねらい）■

- 生物と環境の関わりについて興味・関心をもって追究する。
- 生物と環境の関わりを推論する能力を育て、それらについて理解する。
- 環境を保全する態度を育て、生物と環境の関わりについての見方や考え方をもてるようにする。

■ 何ができるようになるか（評価の観点）■

①　自然事象に関する知識・技能

- 動物や植物の生活を観察したり、資料を活用したりしながら、空気を通した生物と環境との関わりや食う食われるの関係について調べることができる。
- 空気を通した生物と環境との関わりや食う食われるの関係について調べ、その過程や結果を記録できる。
- 生物は、空気を通して周囲の環境と関わって生きていることを理解できる。
- 生物の間には、食う食われるという関係があることを理解できる。

②　科学的な思考力・判断力・表現力

- 生物が、空気及び食べ物を通して関わり合っていることを整理し、生物と環境との関わりについて予想や仮説をもち、推論しながら追究し、表現できる。
- 生物と空気及び食べ物との関わりを関係づけて調べ、自ら調べた結果と予想や仮説を照らし合わせて推論し、自分の考えを表現できる。

③　自然事象に対する主体的な学習態度

- 人などの動物の食べ物や空気を通した生物の関わりに興味・関心をもち、自ら生物どうしの関わりを調べることができる。

■ どのように学ぶか（アクティブ・ラーニングの要点）■

- 生物と環境の関わりについて、友達との共通体験や既習事項と関係づけながら問題づくりを行い、話し合いながら協働的に追究する。
- 人や動物の食べ物をペアやグループで資料を活用しながら調べ、生物の間には食う食われるの関係があることをとらえる。
- 植物が二酸化炭素を取り入れて酸素を出していることを友達と協力しながら調べ、実験結果をグループや全体で考察し、植物と動物が空気を通して関わり合って生きていることをとらえる。
- 生物どうしの関わりについて、学習したことを生かし、友達と意見交流する。

■ 指導計画（全5時間）■

おもな学習活動	中心となるアクティブ・ラーニングの視点
◆第1次　食べ物を通した生物どうしの関わり　（3時間）	
①　食べ物や空気との関わり（1時間） ●　食べ物や空気を通した生物どうしの関わりについて話し合う。	**【問題の発見】** ●食べ物や空気を通した生物どうしの関わりについて話し合い、全体で学ぶ問題を設定する。
②③　人など動物の食べ物（2時間） ●　人などの動物の食べ物を調べる。	**【考察】** ●人などの食べ物の元について調べた結果を図やフローチャートなどで表し、そこからいえることをグループで話し合ってまとめる。
◆第2次　空気を通した生物どうしの関わり　（2時間）	
④⑤　空気を通した生物どうしの関わり（2時間） ●　生物の呼吸や物が燃えることで酸素が失われ続けていると考えられるのに、酸素がなくならないのはなぜかを話し合う。	**【問題の発見】** ●物の燃え方や呼吸の学習を振り返り、酸素が使われ、二酸化炭素が出されているのに空気を組成する気体の体積の割合が変わらないことに着目した話し合いから、学ぶ問題を設定する。 **⇒活動事例❶**
●　植物が出し入れする気体について調べる。 	**【考察】** ●実験の結果から、実験前後の酸素と二酸化酸素の増減について、どのようなことがいえるのか話し合い、結論を導き出す。 **⇒活動事例❷**

■アクティブ・ラーニングの実際例■

活動事例❶　学習問題を見いだす場面（４時間目／全５時間）

1. 燃焼や呼吸の学習、空気を組成する気体について既習事項を確認する。
2. 燃焼や呼吸によって酸素は失われ続けているのに、なくならないのはなぜか、グループで話し合う。
3. 全体で考えられる原因についてまとめ、学ぶ問題を設定する。

ここがポイント

人などの動物が呼吸したり、物を燃やしたりしているのに空気中の酸素や二酸化炭素の量が大きく変わらないことから、植物の働きに児童の関心を向け、問題意識をもつことができるように話し合いを進めるようにしましょう。

活動事例❷　考察をする場面（５時間目／全５時間）

1. 結果の表から、実験前後の気体の体積の割合の変化を分析し、それをあらかじめ予想した気体の出入りと結びつけてグループで話し合う。
2. グループで話し合い、考えたことを図などに表し、整理してから全体に発表する。

ここがポイント

グループで話し合い考察をする場面では、結果をどのように整理・分析するかが重要になります。予想に立ち返り、検討することが主体的、協働的な学びにつながります。

6年B　(3)

生物と地球環境

（全８時間）

■ 何を学ぶか（単元のねらい）■

- 生物と環境の関わりについて興味・関心をもって追究する。
- 生物と環境の関わりを推論する能力を育て、それらについて理解する。
- 環境を保全しようとする態度を育て、生物と環境の関わりについての見方や考え方をもてるようにする。

■ 何ができるようになるか（評価の観点）■

①　自然事象に関する知識・技能

- 動物や植物の生活を観察したり、資料を活用したりしながら、水及び空気を通した生物と環境との関わりや食う食われるの関係について調べることができる。
- 水及び空気を通した生物と環境との関わりや食う食われる関係について調べ、その過程や結果を記録できる。
- 生物は、水及び空気を通して周囲の環境と関わって生きていることを理解できる。

②　科学的な思考力・判断力・表現力

- 生物が、水及び空気、食べ物を通して関わり合っていることを整理し、生物と環境との関わりについて予想や仮説をもち、推論しながら追究し、表現できる。
- 生物と水、空気及び食べ物との関わりを関係づけて調べ、自ら調べた結果と予想や仮説を照らし合わせて推論し、自分の考えを表現できる。

③　自然事象に対する主体的な学習態度

- 生物が水や空気などの周囲の環境の影響を受けたり関わり合ったりして生きていることに興味・関心をもち、自ら生物と環境の関わりを調べることができる。
- 生物が周囲の環境の影響を受けたり関わり合ったりして生きていることに生命のたくみさを感じ、自然界のつながりを総合的に調べることができる。

■ どのように学ぶか（アクティブ・ラーニングの要点）■

- 今まで学習してきたことをもとに人の生活が自然環境とどのように関わっているか、身の回りの色々な事象に目を向け、それぞれを水や空気、食べ物との関係性をもとに、調べたりする主体的な活動を行う。
- 地球環境と人の生活がどのように関わっているのかを予想、推論し、よりよい関係にするにはどうすべきかを資料やICT機器を使って調べ、結果をグループや全体で話し合う。

■ 指導計画（全８時間）■

おもな学習活動	中心となるアクティブ・ラーニングの視点
◆第１次　生物と水との関わり（２時間）	
① 生物と地球環境との関わり（１時間） ● 地球環境で生物は、生きていくためにどう関わっているのか、今まで学習してきたことをもとに話し合う。	**【問題の発見】** ●人体のつくりと働きや生物どうしの関わりの学習などから、それぞれの関わりを想起させ、学ぶ問題を発見する。
② 生物と水との関わり（１時間） ● 生物は水とどのように関わっているか、考える。	**【予想・仮説】** ●前時の話し合いから、自然界にある水と生物との関わりを想起させ、図や言葉で表現する。
◆第２次　地球上の水・空気・生物（１時間）	
③ 地球上の水・空気・生物（１時間） ● 水や空気と動・植物との関わりを調べる。 ● 地球上での水や空気の循環を調べる。	**【考察】** ●既習事項や資料から、グループで話し合い、全体に発表する。
◆第３次　地球環境を守る（５時間）	
④ 人の生活と水・空気・生物との関わり（１時間） ● 人の活動が水や空気、生物とどのように関わり合っているのかを話し合う。	**【問題の発見】** ●人の活動で水や空気を必要としている事象を例示し、体内に取り込む以外に関わっていることをグループや全体で表現する。
⑤⑥⑦ 人と地球環境の関わり（３時間） ● 人が環境に影響を及ぼしている例とその原因について調べる。 ● 人が環境に影響を与えている問題を解決するための取り組みを調べ、まとめる。	**【調べる】** ●人の活動が自然に対して影響を及ぼしている現象について、資料をもとに調べ、それぞれの原因や解決方法をグループや全体でモデル化や図式化して表現する。 **⇒活動事例❶**
⑧ わたしたちのできること（１時間） ● 前時までに調べたことを関連づけ、それぞれの関わりと自分たちの生活を見つめ、自分たちでできることを話し合う。	**【考察】** ●環境問題の要因を推論し、自分たちの生活の中でできることを考え、グループや全体で話し合い、図や言葉で説明する。 **⇒活動事例❷**

■アクティブ・ラーニングの実際例■

活動事例❶　調べる場面（6時間目／全8時間）

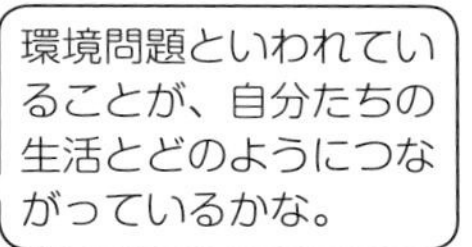

1. 自分が調べたことと関連しているカードを、位置関係を考えてグループでつなげる。
2. 関連づけたカードを見ながら、気づいたことを話し合う。
3. 気づいたことをもとに全体で自分たちの生活と関わっていることを分類・整理してまとめる。

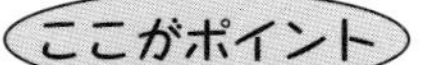

児童は、地球環境問題という言葉やどのようなものが主な原因であるかはメディアなどで大まかに理解をしています。ただ、それぞれ複雑な要素があるとか自分と直接関係があるとは思っていません。それぞれの関わりやつながりがあって、問題は複雑であることを発見できるような主体的・協働的な活動ができるようにしましょう。

活動事例❷　考察をする場面（8時間目／全8時間）

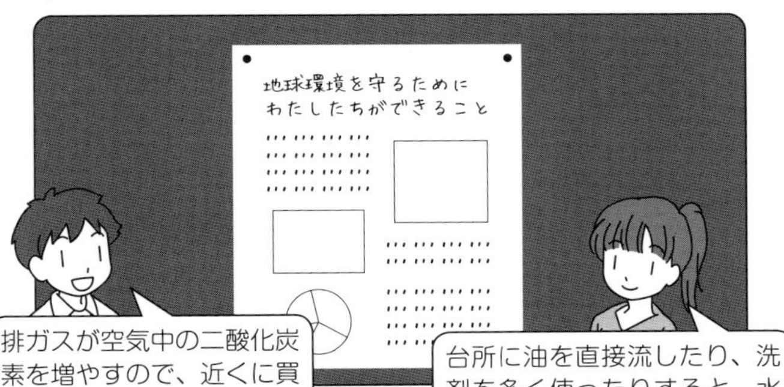

1. 児童一人ひとりが調べた結果から、どのようなことがいえるか考える。
2. グループで話し合って考えをまとめる。
3. グループで話し合った結果を発表する。

ここがポイント

考察をする場面では、自分が調べて実生活に関連づけたことを、全体やグループなどで話し合い、整理し分析して結論を導き出すようにしましょう。

6年B (4)
土地のつくりと変化

（全 11 時間）

■ 何を学ぶか（単元のねらい）■

- 土地のつくりや土地のでき方について興味・関心をもって追究する。
- 土地のつくりと変化を推論する能力を育て、それらについて理解する。
- 土地のつくりと変化についての見方や考え方をもてるようにする。

■ 何ができるようになるか（評価の観点）■

① 自然事象に関する知識・技能

- ボーリングの資料や映像資料などを活用したり、安全に野外観察を行ったりしながら、土地のつくりと変化の様子について工夫して調べることができる。
- 土地のつくりと変化の様子を調べ、その過程や結果を記録できる。
- 土地は、礫、砂、粘土、火山灰及び岩石からできており、層をつくって広がっているものがあることを理解できる。
- 地層は、流れる水の働きや火山の噴火によってでき、化石が含まれているものがあることを理解できる。
- 土地は、火山の噴火や地震によって変化することを理解できる。

② 科学的な思考力・判断力・表現力

- 土地の様子や構成物などから、土地のつくりと変化のきまりについて予想や仮説をもち、推論しながら追究し、表現できる。
- 土地のつくりや変化の様子について数地点の土地の構成物を関係づけて調べ、自ら調べた結果と予想や仮説を照らし合わせて推論し、自分の考えを表現できる。

③ 自然事象に対する主体的な学習態度

- 身の回りの土地やその中に含まれる物、土地の変化、土地の変化と自然災害との関係などに興味・関心をもち、自ら土地のつくりと変化の様子を調べることができる。
- 土地をつくったり変化させたりする自然の力の大きさを感じ、生活している地域の特性を見直すことができる。

■ どのように学ぶか（アクティブ・ラーニングの要点）■

- 個々の疑問を整理し、一人ひとりの疑問を解決できる問題に整理、統合する。
- 個々の児童が、土地の構成物や化石に触ったり、地層のでき方を調べたりする主体的な活動を行う。
- グループで話し合いながら実験の計画を立て、ホワイトボードに図で表しながら結果の見通しをもつようにする。
- 調べた結果を共有化しながら学びを深め、土地のつくりと変化についてとらえる。

■ 指導計画（全 11 時間）■

おもな学習活動	中心となるアクティブ・ラーニングの視点
◆第 1 次　土地をつくっている物（4 時間）	
① 土地のようす（1 時間） ● 土地はどのような物からできているか、どのようにしてできたかについて話し合う。	**【問題の発見】** ●地層の写真を見て気づいたことや疑問に思ったことを話し合い、学ぶ問題を発見する。 ⇒活動事例❶
②③ 地層のつくり（2 時間） ● 縞模様に見える土地の様子を調べる。	
④ 化石ができた場所（1 時間） ● 化石について調べる。	**【考察】** ●化石の生物と現在の生物を比較し、根拠をもとに化石のでき方をグループや全体で推論する。
◆第 2 次　地層のでき方（流れる水の働き）（2 時間）	
⑤ 流れる水の働きでできた地層（1 時間） ● 地層のでき方を調べる。	**【計画】** ●予想を確かめるための方法をグループで話し合い、考えたことを図や言葉で表現する。
⑥ 岩石でできている地層と地層が地上で見られるわけ（1 時間） ● 礫岩や砂岩、泥岩があることを知り、地層が地上で見られるわけを話し合う。	**【考察】** ●様々な地層の写真から、グループで話し合い、全体でまとめる。
◆第 3 次　地層のでき方（火山の働き）（2 時間）	
⑦⑧ 火山の働きでできた地層（2 時間） ● 火山灰が降り積もってできた地層について知る。	**【観察・実験】** ●火山灰を観察することで、流れる水の働きでできた地層との違いを実感する。
◆第 4 次　火山活動や地震による土地の変化（3 時間）	
⑨⑩ 火山活動や地震と土地の変化(2 時間) ● 火山活動や地震で、土地はどのように変化するのか調べる。	**【予想・仮説】** ●火山活動や地震について知っていることを話し合い、図や言葉で表現する。
⑪ 土地の変化（1 時間） ● 調べたことをもとに、土地の変化についてまとめる。	**【考察】** ●火山活動と地震を土地の変化と関係づけて話し合い、全体に発表する。 ⇒活動事例❷

■ アクティブ・ラーニングの実際例 ■

活動事例❶　学習問題を見いだす場面（1 時間目／全 11 時間）

1. 地層の写真を見て、気づいたことをクラスで話し合う。
2. 地層の写真を見て疑問に思ったことをカードに書く。
3. KJ 法を用いて調べたいことを分類・整理して学習問題を設定する。（グループ→全体）

ここがポイント

一人ひとりの児童の疑問をグループで KJ 法を用いて分類・整理することにより問題を明確化します。グループごとに整理した問題を全体で同じように話し合い、学級の学習問題として設定していきます。一人ひとりの疑問がいずれかの問題に含まれていることを可視化することで、自分の問題としてとらえることができるようにしましょう。

活動事例❷　考察をする場面（11 時間目／全 11 時間）

1. 児童一人ひとりが調べた結果からどのようなことがいえるか考える。
2. ホワイトボードなどにウェビングマップを描きながら、グループで話し合って考えをまとめる。
3. グループで話し合ったことを発表する。

ここがポイント

ウェビングマップを用いて図解化することで、火山活動や地震によって土地がどのように変わったか、また人々の生活にどのような影響を及ぼしているのかということを整理・分析し、結論を導き出すことができるようにしましょう。

6年B （5）

月と太陽

（全７時間）

■ 何を学ぶか（単元のねらい）■

- 天体について興味・関心をもって追究する。
- 月の位置や形と太陽の位置の関係を推論する能力を育て、それらについて理解する。
- 月や太陽に対する豊かな心情を育て、月の形の見え方や表面の様子についての見方や考え方をもてるようにする。

■ 何ができるようになるか（評価の観点）■

① 自然事象に関する知識・技能

- 月の形の見え方や月の表面について、必要な器具を適切に操作したり、映像や資料、模型などを活用したりして調べることができる。
- 月の位置や形と太陽の位置、月の表面の様子を調べ、その過程や結果を記録できる。
- 月の輝いている側に太陽があることを理解できる。
- 月の形の見え方は、太陽と月の位置関係によって変わることを理解できる。
- 月の表面の様子は、太陽と違いがあることを理解できる。

② 科学的な思考力・判断力・表現力

- 月の位置や形と太陽の位置、月の表面の様子について予想や仮説をもち、推論しながら追究し、表現できる。
- 月の位置や形と太陽の位置、月の表面の様子について調べ、自ら調べた結果と予想や仮説を照らし合わせて推論し、自分の考えを表現できる。

③ 自然事象に対する主体的な学習態度

- 月の形の見え方や月の表面に興味・関心をもち、自ら月の位置や形と太陽の位置、月の表面の様子を調べることができる。
- 月の形の見え方や月の表面から自然の美しさを感じ、観察することができる。

■ どのように学ぶか（アクティブ・ラーニングの要点）■

- 月の形の見え方や月の表面から、自然の美しさを感じ、友達と対話したり調べ合ったりしながら、主体的・協働的な活動を行う。
- 結果を図や言葉で表現し、グループや全体で話し合う。
- 月の位置や形と太陽の位置、月の表面の様子について、友達やグループでの話し合いを通じて、推論しながら探究し、月の形の見え方や太陽との位置関係、太陽との表面の様子の違いについてとらえる。

■指導計画（全７時間）■

おもな学習活動	中心となるアクティブ・ラーニングの視点

◆第１次　月の形とその変化　（４時間）

①②　月の輝く部分と太陽の位置（２時間）

- 月が輝いて見える理由について、話し合う。
- 月と太陽の位置の調べ方や記録の仕方を知る。
- 月と太陽の位置を調べ、月の輝いて見える部分と太陽の関係を調べる。

③④　月の形の変わり方（２時間）

- 月の形が日によって変わって見えるのはどうしてか調べる。
- 月の形の変わり方を、太陽と月の位置関係から考え、まとめる。

【問題の発見】
- 写真等から、月が輝いて見えるわけについて話し合い、学ぶ問題を設定する。

【考察】
- 予想したことと結果を比べ、グループで話し合い、全体で結論をまとめる。
⇒活動事例❶

【計画】
- 予想したことを確かめるために、月の形の変わり方を調べる実験の計画について考え、図や言葉で表現し、友達に説明する。
⇒活動事例❷

【考察】
- 月の位置や形と、太陽の位置について、実験結果と予想を照らし合わせて推論し、自分の考えを表現する。

◆第２次　月と太陽の表面の様子　（３時間）

⑤⑥　月と太陽の表面の様子（２時間）

- 月と太陽の形や表面の様子を調べる。

⑦　月の形と太陽の位置（１時間）

- 太陽と月の形の違いや表面の様子、月の形が変わって見えるわけについてまとめる。

【予想・仮説】
- これまで学習や経験したことなどを想起し、それぞれ自分の考えを図や言葉で表現する。

【考察】
- 太陽や月について学習したことを、グループごとに図や言葉などでまとめ、全体で知識を共有する。

■アクティブ・ラーニングの実際例■

活動事例❶　考察をする場面（2時間目／全7時間）

1. 月の形と位置、太陽の位置はどうだったか調べた結果を、グループで話し合い、まとめる。
2. 予想したことと観察の結果から、どのようなことがいえるか児童一人ひとりが考える。
3. グループで話し合った考えを、全体に発表する。

ここがポイント

児童の観察記録は、記録する児童によってかなり違いが出てくることがあります。話し合いを活性化させるためにも、デジタルカメラなどで月と太陽の記録写真を撮っておき、提示できるようにしておきます。また、観察の際、月の位置や形が日によって変わって見えることにも着目させ、次時の問題づくりにつなげましょう。

活動事例❷　計画を立てる場面（3時間目／全7時間）

1. 予想したことを確かめるために、どのような準備をして実験をすればよいのか、図や言葉で表現し、友達に説明できるようにする。
2. グループで話し合って実験計画を立てる。
3. 結果の表し方を話し合う。

ここがポイント

主体的・協働的な活動を行うために、児童一人ひとりの考えをもとにして、グループで話し合わせたり、全体に発表したりする場を設けるようにしましょう。

編著者紹介

日置　光久 ■ひおき・みつひさ

1955年（昭和30年）生まれ。広島大学大学院博士課程後期単位取得退学。広島大学教育学部助手、広島女子大学助教授、文部省初等中等教育局小学校課教科調査官、国立教育政策研究所教育課程研究センター教育課程調査官・文部科学省初等中等教育局教育課程課教科調査官、文部科学省初等中等教育局視学官を経て、現在、東京大学特任教授。

専門：理科教育、環境教育、海洋教育。日本理科教育学会、日本科学教育学会、日本環境教育学会等所属。（財）自然体験活動推進協議会（CONE）」トレーナー、（公社）日本シェアリングネイチャー協会公認インストラクター、理事。大日本図書教科書編集委員。

おもな編著書：「展望 日本型理科教育」、「実感を伴った理解を図る理科学習」、「シリーズ日本型理科教育」（東洋館出版）、「新理科で問題解決の授業をどうつくるか」、『「見えないきまりや法則」を「見える化」する理科授業』（明治図書出版）など。

星野　昌治 ■ほしの・よしはる

1947年（昭和22年）生まれ。東京学芸大学卒業。東京都公立学校教諭、千代田区教育委員会指導主事、東京都教育委員会指導主事、東京都教育庁指導部主任指導主事、東京都立教育研究所教科研究部長、武蔵野市立第三小学校校長、千代田区立番町小学校校長、帝京大学准教授などを経て、現在、帝京大学教授、帝京大学教職大学院教授、帝京大学小学校校長。

専門は、理科教育。日本理科教育学会等所属。元全国小学校理科研究協議会会長。「小学校学習指導要領解説 理科編」（平成11年5月および平成20年6月）作成協力者。大日本図書教科書編集委員。

おもな編著書：「学習チェックのミニ技法」（明治図書）、「新しい小学校理科・授業づくりと教材研究」（東洋館出版社）、「理数教育充実への戦略」（教育開発研究所）、「小学校理科 授業参観・公開授業のモデルプラン」（明治図書）、「小学校理科指導と評価の一体化の授業展開」（明治図書）、「ワンペーパー学校経営」（教育開発研究所）、「小学校理科 授業づくりの技法」（大日本図書）など。

船尾　　聖 ■ふなお・きよし

1950年（昭和25年）生まれ。東京学芸大学卒業。東京都公立学校教諭、東京都公立学校教頭、稲城市教育委員会指導主事、杉並区教育委員会指導主事、文京区立汐見小学校校長、文京区立千駄木小学校校長、帝京平成大学准教授を経て、現在、帝京平成大学教授。

専門は、理科教育。元全国小学校理科研究協議会会長。「小学校理科観察・実験の手引き」（平成23年3月 文部科学省）作成協力者。大日本図書教科書編集委員。

おもな編著書：「理科授業プラン」（明治図書）、「学習チェックのミニ技法」（明治図書）、「問題解決の授業をどうつくるか」（明治図書）、「小学校理科 授業づくりの技法」（大日本図書）など。

執筆者一覧

日置　光久　東京大学 特任教授
星野　昌治　帝京大学 教授／帝京大学教職大学院 教授／帝京大学小学校 校長
船尾　　聖　帝京平成大学 教授
伊勢　明子　東京都杉並区立杉並第八小学校 副校長
井田　　孝　東京都千代田区立番町小学校
黄地　健男　東京都江東区立八名川小学校
笠原まり子　東京都北区立西ヶ原小学校
神谷由香里　東京都調布市立布田小学校
川路　美沙　東京都中野区立大和小学校
木内健太朗　東京都足立区立綾瀬小学校
関根　正弘　東京都足立区立弘道小学校 校長
瀧崎　友子　東京都渋谷区立富谷小学校
田中　薫子　東京都板橋区立志村第三小学校 校長
永田　　学　帝京平成大学 准教授
永田　量子　東京都杉並区立桃井四小学校
中村　隆司　東京都町田市立つくし野小学校 副校長
林田　篤志　東京都江戸川区立西一之江小学校 校長
藤田　紘生　東京都中野区立平和の森小学校
三井　寿哉　お茶の水女子大学附属小学校
宮下　　淳　東京都町田市立南第二小学校

ほか４名

参考文献

「中央教育審議会教育課程企画特別部会 論点整理」　文部科学省
「小学校理科観察，実験の手引き」　文部科学省
「授業を磨く」　田村学 著　東洋館出版社
「小学校学習指導要領解説 理科編」　文部科学省
「評価規準の作成，評価方法等の工夫改善のための参考資料（小学校 理科）」
国立教育政策研究所 教育課程研究センター
「小学校理科 授業づくりの技法」　星野昌治・船尾聖 編著　大日本図書

理科好きの子どもを育てる
小学校理科
アクティブ・ラーニングによる理科の授業づくり

2016年 5 月10日　第 1 刷発行

編著者　日置 光久、星野 昌治、船尾　聖
発行者　波田野　健
発行所　大日本図書株式会社
〒112-0012　東京都文京区大塚 3-11-6
電話　03-5940-8673(編集)　03-5940-8676(供給)
048-421-7812(受注センター)

表紙、本文デザイン、図版：株式会社秀巧堂クリエイト
印刷：星野精版印刷株式会社
製本：株式会社若林製本工場

落丁本・乱丁本はお取り替え致します。

ISBN978-4-477-03036-4　Printed in Japan